W0260581

Bezugsbedingungen:

Preis des Heftes 1 bis 112 je 1 Mk,
zu beziehen durch Julius Springer, Berlin W. 9, Linkstr. 23/24;
für Lehrer und Schüler technischer Schulen 50 Pfg,
zu beziehen gegen Voreinsendung des Betrages vom Verein deutscher Ingenieure, Berlin N.W. 7 Charlottenstraße 43.

Von Heft 113 an sind die Preise entsprechend auf 2 ℳ und 1 ℳ erhöht.

Eine Zusammenstellung des Inhaltes der Hefte 1 bis 124 der Mitteilungen über Forschungsarbeiten zugleich mit einem Namen- und Sachverzeichnis wird auf Wunsch kostenfrei von der Redaktion der Zeitschrift des Vereines deutscher Ingenieure, Berlin N.W., Charlottenstr. 43, abgegeben.

Mitteilungen

über

Forschungsarbeiten

auf dem Gebiete des Ingenieurwesens

insbesondere aus den Laboratorien
der technischen Hochschulen

herausgegeben vom

Verein deutscher Ingenieure.

Heft 134.

Berlin 1913
Springer-Verlag Berlin Heidelberg GmbH

Additional material to this book can be downloaded from http://extras.springer.com.

ISBN 978-3-662-01698-5 ISBN 978-3-662-01993-1 (eBook)
DOI 10.1007/978-3-662-01993-1

Inhalt.

Untersuchungen über magnetische Hysteresis.

Von Dr.-Ing. **Fritz Holm.**

Die vorliegende Arbeit schloß sich an Versuche an, die ich auf Anregung des Hrn. Privatdozenten Dr. Breslauer über die Verzerrung der Wechselstromkurve bei magnetischer Verkettung mit Gleichstrom anstellte. Indem ich die hierbei gefundenen Ergebnisse mit den bisher allgemein anerkannten Anschauungen über magnetische Vorgänge verglich, sie insbesondere durch die von Steinmetz aufgestellten Gesetze nachzuprüfen versuchte, stieß ich zum Teil auf Widersprüche zwischen diesen Gesetzen und meinen Ergebnissen. Während sich nämlich stets in befriedigender Uebereinstimmung mit dem schon oft nachgeprüften und zumeist bestätigten ersten Steinmetzschen Gesetz[1]) ergab, daß der Arbeitsverlust durch Hysteresis bei einem vollen magnetischen Kreisprozeß zwischen 2 Sättigungsgrenzen $+B_{max}$ und $-B_{max}$ fast genau der 1,6. Potenz der größten Induktion proportional war:

$$\frac{A_h^{\mathrm{Erg}}}{V^{\mathrm{ccm}}} = \eta\, B_{\mathrm{max}}{}^{1,6},$$

standen andere Ergebnisse nicht im Einklang mit dem von Steinmetz auf Grund einer großen Zahl von Messungen erweiterten (zweiten) Satz[2]), »daß der Energieverlust durch magnetische Hysteresis nur von dem Unterschied der Grenzwerte der magnetischen Induktion abhängt, nicht aber von deren absoluten Werten, so daß der Energieverlust durch Hysteresis derselbe ist, so lange die Amplitude des magnetischen Kreisprozesses dieselbe ist:

$$\frac{A_h^{\mathrm{Erg}}}{V^{\mathrm{ccm}}} = \eta \left(\frac{B_1 - B_2}{2}\right)^{1,6}.«$$

So war es gerechtfertigt, in dieser Richtung systematische Untersuchungen anzustellen, die vielleicht nicht nur zur Klärung der besonderen Frage beitragen, sondern auch unsere Erkenntnis der magnetischen Erscheinungen im allgemeinen fördern könnten.

Als Versuchstoff wählte ich gewöhnliches weiches Eisen, wie auch Steinmetz bei seinen Untersuchungen stets von diesem Stoff ausgegangen ist. Dagegen erschien mir das von Steinmetz angewandte Meßverfahren mittels Wechselstromes für meine Zwecke zu ungenau. Ich beschränkte mich deshalb auf einige Versuche mit Wechselstrom, die gegen Schluß dieser Arbeit beschrieben sind, und legte allen anderen Messungen das ballistische Verfahren unter Verwendung ringförmigen Eisens zu Grunde, da es einmal alle Nebeneinflüsse wie die Wirkung von Stabenden ausschließt und auch in weitestgehendem Maße gestattet, die Empfindlichkeit des Meßgerätes durch Veränderung des Vorschaltwiderstandes je nach Bedarf zu ändern.

[1]) ETZ 1892 S. 136.
[2]) ETZ 1892 S. 519.

Bei sämtlichen Versuchen wurde ein Paket von 99 gestanzten, einseitig mit Papier beklebten Blechringen benutzt, die im Mittel 0,5 mm stark waren und einen äußeren Durchmesser von 420 mm, einen Innendurchmesser von 399,8 mm hatten. Der reine Eisenquerschnitt betrug also 5 qcm. Bei der im Verhältnis zu Durchmesser und Höhe geringen Breite des Ringes konnte in größter Annäherung mit einer dem mittleren Kraftlinienweg $= \frac{420 + 399{,}8}{2} \pi = 1287$ mm entsprechenden, über den ganzen Querschnitt gleichmäßigen Induktion gerechnet werden. Die nach Bedarf über den Ring gelegten Wicklungen wurden immer gleichmäßig über den ganzen Umfang verteilt und bestanden aus doppelt besponnenen Kupferdrähten von 1 mm Dmr, die gegen den Eisenkörper noch besonders sorgfältig isoliert waren.

Die Eichung des Galvanometers.

Es wurde ein Spiegelgalvanometer von Edelmanns neuerer Bauart mit einem inneren Widerstand $w_g = 300\ \Omega$ benutzt. Die verhältnismäßig kleine Schwingungsdauer $\tau = 4{,}025$ sk war bei den Versuchen sehr vorteilhaft, da diese aus später ersichtlichen Gründen ein möglichst schnelles Arbeiten erforderten. Zu den Strom- und Spannungsmessungen wurden Präzisionsinstrumente von Siemens & Halske verwandt. Zur Bestimmung der Galvanometerkonstanten c wurden dem Instrument bei einer Klemmenspannung $E_p = 38{,}9$ Millivolt und bei 5 verschiedenen Vorschaltwiderständen w verschiedene Ströme $J = \frac{E_p}{w + w_g}$ zugeführt und die zugehörigen Einstellungen nach links und rechts (nach Kommutierung) abgelesen. Unter der Annahme, daß bei einer Entfernung von 2 m zwischen Skala und Spiegel und bei den geringen Ausschlägen Proportionalität zwischen der Stromstärke und der Ablenkung in Skalenteilen n besteht, ergibt sich die Galvanometerkonstante

$$c = \frac{E_p}{(w + w_g)\, n}.$$

Die Mittelwerte aus mehrfachen Wiederholungen dieser Versuche sind in der Zahlentafel I zusammengestellt und ergeben $c = 1{,}732 \cdot 10^{-9}$.

Zahlentafel I.

E_p Millivolt	w Ω	links n	links c	rechts n	rechts c
38,9	300 000	74,7	$1{,}73 \cdot 10^{-9}$	75,0	$1{,}727 \cdot 10^{-9}$
	250 000	89,5	1,736	90,1	1,726
	200 000	111,7	1,737	112,0	1,732
	150 000	149,0	1,737	149,0	1,737
	100 000	223,0	1,739	227,0	1,716

Die Dämpfung k des Galvanometers wurde für 9 verschiedene Vorschaltwiderstände w bestimmt, die bei den späteren Messungen vornehmlich verwandt werden sollten. Außer diesen Widerständen war in den Kreis, über den das Galvanometer während des Ausschwingens geschlossen wurde, bereits eine Spule eingeschaltet, die in 50 Windungen um den Ring gelegt und zum Anschluß des Galvanometers bei den späteren Messungen bestimmt war. Die Verhältniswerte von je zwei aufeinander folgenden Ausschlägen während des Ausschwingens sind für die einzelnen Vorschaltwiderstände in Zahlentafel II zusammengestellt.

War die Zahl der Werte beim einmaligen Ausschwingen zu klein, um aus ihnen mit der gewünschten Genauigkeit den Dämpfungsfaktor k zu ermitteln, so wurde der Versuch wiederholt.

Zahlentafel II.

$w = 200\,000\ \Omega$	$w = 150\,000\ \Omega$	$w = 100\,000\ \Omega$	$w = 70\,000\ \Omega$	$w = 40\,000\ \Omega$	$w = 25\,000\ \Omega$
1,085	1,083	1,075	1,112	1,125	1,165
1,053	1,067	1,100	1,092	1,123	1,153
1,084	1,085	1,069	1,092	1,119	1,163
1,064	1,078	1,097	1,082	1,133	1,152
1,083	1,070	1,069	1,100	1,099	1,162
1,059	1,075	1,100	1,100	1,139	1,155
1,080	1,063	1,053	1,083	1,108	1,162
1,050	1,105	1,119	1,105	1,140	1,168
1,110	1,058	1,063	1,102	1,096	1,153
1,058	1,080	1,103	1,079		1,166
$k = 1{,}073$	$k = 1{,}076$	$k = 1{,}085$	$k = 1{,}095$	$k = 1{,}12$	$k = 1{,}16$

$w = 10\,000\ \Omega$	$w = 6000\ \Omega$	$w = 5000\ \Omega$
1,321	1,50	1,58
1,333	1,55	1,63
1,322	1,475	1,66
1,340	1,575	1,57
1,310	1,435	1,615
1,380	1,640	1,61
1,310	1,528	1,643
1,332	1,462	1,608
1,335	1,623	1,65
$k = 1{,}334$	$k = 1{,}533$	$k = 1{,}618$

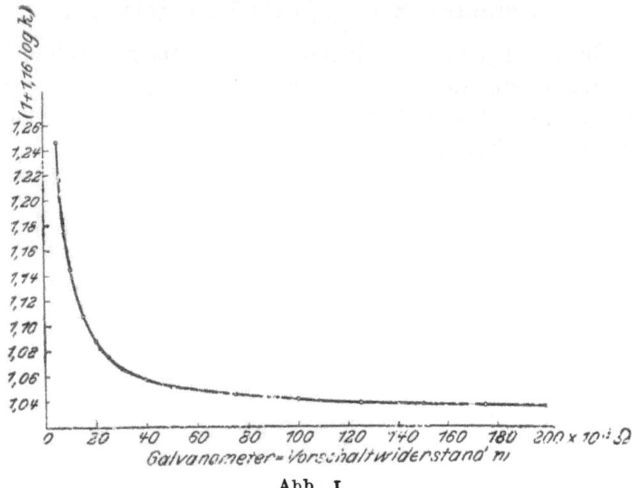

Abb. 1.

Unter Berücksichtigung der Dämpfung durch den Faktor $(1 + 1{,}16 \lg k)$, der für jeden Vorschaltwiderstand w aus der Abb. 1 entnommen werden kann, ist der durch den Galvanometerausschlag n angezeigte Sättigungswechsel

$$\Delta B = \frac{w_2\, c\, \tau\, n\, (1 + 1{,}16 \lg k)}{q\, z_2\, \pi}\, 10^8\, [c\, g\, s];$$

es bedeutet

w_2 den Widerstand des Galvanometerkreises,

c die Galvanometerkonstante,

τ die Galvanometerschwingungsdauer,
k den Dämpfungsfaktor für den betreffenden Vorschaltwiderstand w,
z_2 die Zahl der an das Galvanometer angeschlossenen Windungen (= 50),
q den Eisenquerschnitt (= 5 qcm).

Durch Einsetzen ergibt sich

$$\Delta B = \frac{1{,}732 \cdot 10^{-9} \cdot 4{,}025}{5 \cdot 50 \pi} w_2 (1 + 1{,}16 \lg k)\, n\, 10^8 = 0{,}888 \cdot 10^{-3}\, w_2 (1 + 1{,}16 \lg k)\, n.$$

Der Faktor $0{,}888 \cdot 10^{-3}\, w_2 (1 + 1{,}16 \lg k)$ ist in Zahlentafel III für sämtliche später verwandten Vorschaltwiderstände w berechnet.

Zahlentafel III.

w Ω	$0{,}888 \cdot 10^{-3}\, w_2 (1 + 1{,}16 \log k)$
175 000	161,4
150 000	138,5
125 000	115,5
100 000	92,7
75 000	69,9
50 000	47,0
40 000	37,9
30 000	28,7
25 000	24,2
20 000	19,65
15 000	15,10
10 000	10,50
5 000	5,90

Mit dem so geeichten Galvanometer wurde in einer ersten Versuchsreihe eine Anzahl

symmetrischer Magnetisierungszyklen

aufgenommen, die naturgemäß die Grundlage jeder magnetischen Messung bilden müssen. Unter Benutzung der von Evershed und Vignoles vorgeschlagenen und von Heinke im »Handbuch der Elektrotechnik, Band II« empfohlenen Anordnung gestaltete sich das Schaltungsschema nach der Abb. 2.

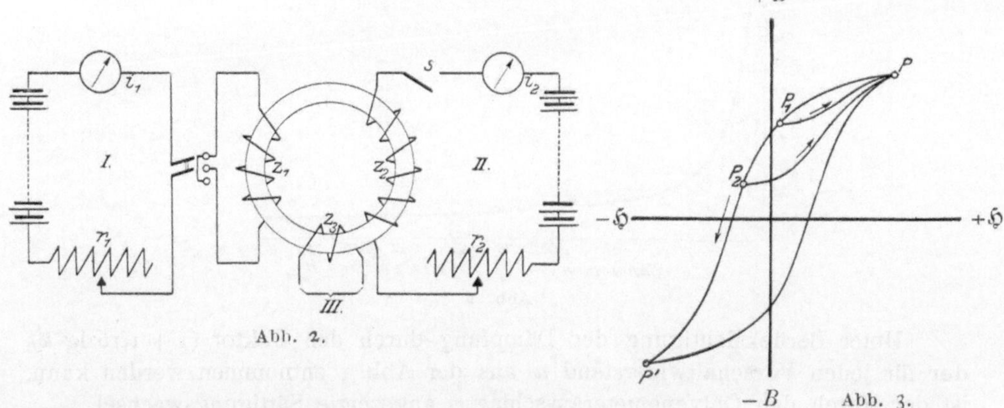

Abb. 2. Abb. 3.

Der Versuchsring trug 3 Wicklungen, die — jede für sich — gleichmäßig über den ganzen Umfang verteilt waren und zu drei verschiedenen Stromkreisen I, II und III gehörten. Eine dieser Wicklungen (mit $z_3 = 50$ Windungen) war über einen veränderlichen Vorschaltwiderstand w an das Galvanometer angeschlossen. Die beiden anderen Wicklungen mit $z_1 = 500$ und $z_2 = 2\, z_1$

$= 1000$ Windungen wurden getrennt über kontinuierlich regelbare Vorschaltwiderstände r_1 und r_2 von Akkumulatoren aus durch Ströme i_1 und i_2 erregt, und zwar waren Stromkreis I und II so geschaltet, daß sie sich bei der Induktion des Eisens entgegenwirkten, d. h. daß jeweilig der Unterschied beider Einflüsse zur Geltung kam. Es war also stets mit den resultierenden Amperewindungen $(i_1 z_1 - i_2 z_2) = (i_1 z_1 - i_2 2 z_1)$ und einer Feldstärke $H_{res} = \frac{0{,}4 \pi z_1 (i_1 - 2 i_2)}{l} = 4{,}885 (i_1 - 2 i_2)$ zu rechnen.

Zur Aufnahme einer Hysteresisschleife zwischen zwei Grenzwerten $+ B_{max}$ und $- B_{max}$, Abb. 3, wurde zunächst durch einen Strom J_1 die gewünschte Induktion $+ B_{max}$ hergestellt und mehrmals durch Kommutation des Stromes nach dem einfachen ballistischen Verfahren bestimmt. Wurde sodann durch Schließen des Schalters s im Stromkreise II ein zunächst kleiner Strom i_2 eingeschaltet, so fiel die Feldstärke augenblicklich von $\frac{0{,}4 \pi z_1 J_1}{l}$ auf $\frac{0{,}4 \pi z_1}{l} (J_1 - 2 i_2)$ und die Induktion von $+ B_{max}$ um ΔB_1 auf einen Wert B_1. Beim Oeffnen des Stromkreises II wurde der Kreisprozeß $P - P_1$ rückwärts geschlossen, und es stellte sich wieder der erste Zustand ein. Das Galvanometer zeigte beim Schließen und Oeffnen des Stromes die Induktionsänderung $- \Delta B_1$ und $+ \Delta B_1$ an.

Auf diese Weise wurden unter jedesmaliger Verkleinerung des Widerstandes r_2 durch Schließen und Oeffnen des Stromkreises II weitere Punkte der gewünschten Hysteresisschleife aufgenommen, bis der Punkt P' erreicht war, wo $i_2 = J_1$ wurde und das Galvanometer wieder den gleichen Ausschlag anzeigte wie zu Beginn der Versuchsreihe bei einfacher Kommutation des Stromes J_1. Durch Uebertragen des aufgenommenen Kurvenzuges nach der anderen Seite wurde schließlich die Schleife vervollständigt. Im ganzen wurden für 8 Induktionsstufen die Magnetisierungskurven ermittelt. Es wurde im Stromkreise I sorgfältig auf stets gleichen Strom gehalten, auch durch häufiges Nachprüfen festgestellt, daß das Eisen nach Unterbrechung des Stromkreises II immer wieder in den durch Punkt P gekennzeichneten Anfangzustand zurückkehrte. Die Vorteile des Evershed-Vignolesschen vor dem einfachen ballistischen Verfahren wurden im weitesten Umfang ausgenutzt, indem durch wiederholtes Schalten vor der eigentlichen Messung eine vollkommene molekulare Akkomodation des Eisens erreicht, jede Einzelmessung mehrfach nachgeprüft und durch zweckmäßige Regelung des Galvanometervorschaltwiderstandes während des ganzen Verlaufs der Versuchsreihe auf möglichst große Ausschläge des Galvanometers gehalten wurde.

In der Zahlentafel IV sind die die Grundlage für Abb. 4 bildenden Versuchsreihen zusammengestellt. Es bedeuten:

J_1 den Strom im Stromkreise I ($z_1 = 500$ Windungen),

H_1 die den $J_1 z_1$ Amperewindungen entsprechende Feldstärke,

$+ B_{max}$ die bei der Feldstärke H_1 erzielte und durch Kommutation von J_1 gemessene Induktion — entsprechend einem Galvanometerausschlag von n_1 Skalenteilen bei $w_1 \Omega$ Vorschaltwiderstand,

i_2 den beim Schließen des Stromkreises II ($z_2 = 1000$ Windungen) sich einstellenden Strom,

H_{res} die gemeinsam von J_1 und i_2 erzeugte Feldstärke $= 4{,}885 (J_1 - 2 i_2)$,

n den Galvanometerausschlag bei Schließen und Oeffnen des Stromkreises II,

w den hierbei verwandten Galvanometer-Vorschaltwiderstand,

ΔB die durch das Galvanometer angezeigte Induktionsänderung.

Zahlentafel IV.

a)

$J_1 = 6{,}00$ Amp
$H_1 = + 29{,}31$ [cgs]
$n_1 = 190{,}5$
$w_1 = 175\,000\ \Omega$
$+ B_{max} = + 15380$ [cgs]

i_2	Hres	n	w	ΔB
1,52	+14,46	121,5	5 000	717
2,535	+ 4,54	163,5	15 000	2 470
3,015	— 0,147	177,5	40 000	6 730
3,135	— 1,319	153,5	100 000	14 220
3,16	— 1,563	181,5	100 000	16 820
3,24	— 2,393	177,5	125 000	20 500
3,63	— 6,16	190,5	150 000	26 400
4,52	—14,80	182,0	175 000	29 400
6,00	—29,31	190,5	175 000	30 760

b)

$J_1 = 4{,}00$ Amp
$H_1 = + 19{,}54$ [cgs]
$n_1 = 182{,}0$
$w_1 = 175\,000\ \Omega$
$+ B_{max} = + 14700$ [cgs]

i_2	Hres	n	w	ΔB
1,005	+ 9,72	116,0	5 000	684
2,05	— 0,489	188,5	40 000	7 150
2,165	— 1,612	185,5	100 000	17 200
2,21	— 2,05	168,0	125 000	19 400
2,33	— 3,223	194,5	125 000	22 450
2,70	— 6,84	191,0	150 000	26 450
4,00	— 19,54	183,5	175 000	29 650

c)

$J_1 = 2{,}50$ Amp
$H_1 = + 12{,}22$ [cgs]
$n_1 = 195{,}0$
$w_1 = 150\,000\ \Omega$
$+ B_{max} = + 13500$ [cgs]

i_2	Hres	n	w	ΔB
0,76	+ 4,79	158	5 000	932
1,26	— 0,098	197	25 000	4 770
1,35	— 0,978	193	50 000	9 075
1,40	— 1,466	200	75 000	14 000
1,47	— 2,15	198	100 000	18 350
1,56	— 3,03	182	125 000	21 020
1,768	— 5,08	173,5	150 000	24 000
2,50	—12,22	197	150 000	27 300

d)

$J_1 = 1{,}50$ Amp
$H_1 = + 7{,}328$ [cgs]
$n_1 = 205{,}5$
$w_1 = 125\,000\ \Omega$
$+ B_{max} = + 11875$ [cgs]

i_2	Hres	n	w	ΔB
0,607	+1,397	157,0	10 000	1 650
0,75	±0,00	168	20 000	3 300
0,85	—0,977	175,5	40 000	6 650
0,90	—1,465	172,5	75 000	12 050
0,95	—1,954	170	100 000	15 760
1,15	—3,91	183,5	125 000	21 200
1,50	—7,328	205,5	125 000	23 750

e)

$J_1 = 0{,}75$ Amp
$H_1 = + 3{,}665$ [cgs]
$n_1 = 192$
$w_1 = 100\,000\ \Omega$
$+ B_{max} = + 8900$ [cgs]

i_2	Hres	n	w	ΔB
0,30	+0,733	158,5	5 000	935
0,40	—0,244	136,5	15 000	2 060
0,451	—0,733	175,0	20 000	3 440
0,50	—1,221	200,0	40 000	7 580
0,557	—1,778	176,5	75 000	12 330
0,75	—3,665	191,0	100 000	17 700

f)

$J^1 = 0{,}5$ Amp
$H_1 = + 2{,}443$ [cgs]
$n_1 = 192$
$w_1 = 75\,000\ \Omega$
$+ B_{max} = + 6700$ [cgs]

i_2	Hres	n	w	ΔB
0,2	+0,489	107,5	5 000	634
0,3	—0,489	177	10 000	1 860
0,353	—1,007	193	25 000	4 670
0,375	—1,221	200	40 000	7 580
0,426	—1,71	153	75 000	10 700
0,50	—2,443	191,5	75 000	13 380

g)

$J_1 = 0{,}3$ Amp
$H_1 = + 1{,}465$ [cgs]
$n_1 = 149$
$w_1 = 50\,000\ \Omega$
$+ B_{max} = + 3500$ [cgs]

i_2	Hres	n	w	ΔB
0,15	±0,00	106,5	5 000	629
0,23	—0,782	168	15 000	2540
0,24	—0,879	211,5	15 000	3190
0,251	—0,977	154	25 000	3730
0,27	—1,172	183,5	30 000	5260
0,3	—1,465	142	50 000	6670

h)

$J_1 = 0{,}206$ Amp
$H_1 = + 1{,}007$ [cgs]
$n_1 = 185$
$w_1 = 15\,000\ \Omega$
$+ B_{max} = + 1395$ [cgs]

i_2	Hres	n	w	ΔB
0,065	+0,371	30,5	5 000	180
0,090	+0,127	54,5	5 000	322
0,103	±0,00	74,5	5 000	440
0,181	—0,752	185,0	10 000	1940
0,206	—1,007	183,5	15 000	2770

Der Flächeninhalt f der Hysteresisschleifen (s. Zahlentafel V) wurde mit dem Coradischen Präzisions-Scheibenplanimeter gemessen. Teilung des Flächeninhalts durch 4π unter Berücksichtigung der Maßstäbe für B und H ergab die Hysteresisarbeit a in Erg für 1 ccm Eisen. η stellt den Steinmetzschen Koeffizienten

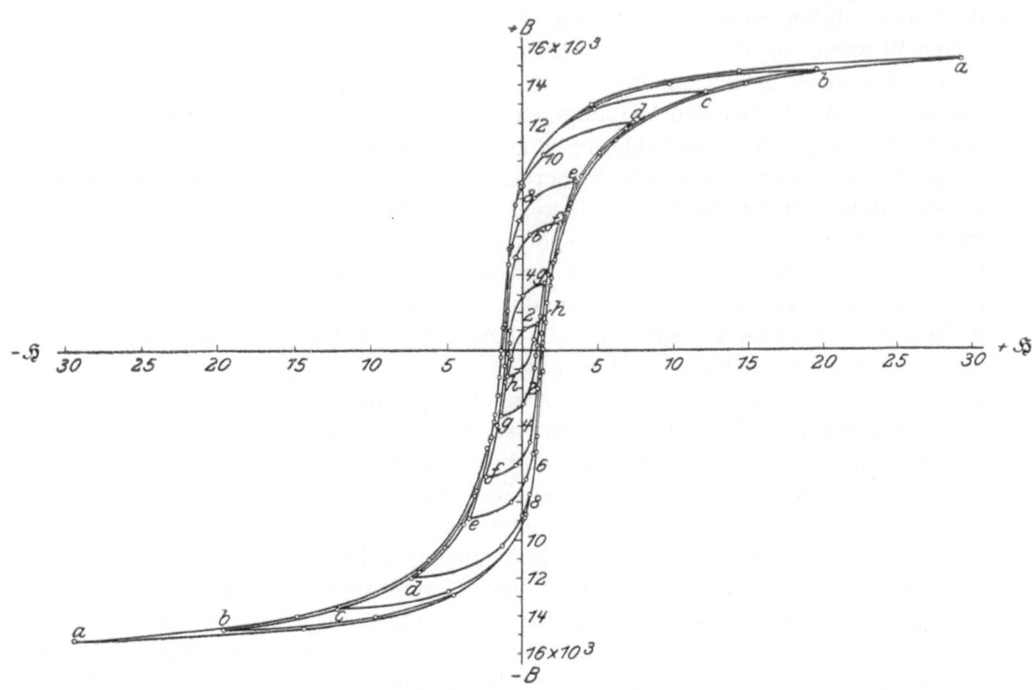

Abb. 4.

Zahlentafel V.

B_{max}	f qcm	a Erg	η
15 380	23,62	9400	0,00188
14 700	21,04	8375	179
13 575	18,48	7355	180
11 875	14,62	5820	176
8 875	9,35	3720	179
6 700	5,80	2309	175
3 418	2,15	856	190
1 390	0,515	205	192

$= \frac{a^{Erg}}{B_{max}^{1,6}}$ dar. Der erste und die beiden letzten Werte unterscheiden sich nicht unwesentlich von den Werten 2 bis 6, welche in befriedigender Uebereinstimmung mit dem ersten Steinmetzschen Gesetz $\left(\eta = \frac{a}{B_{max}^{1,6}}\right)$ keine erhebliche Abweichung von ihrem Mittelwert $\eta_m = 0{,}00178$ aufweisen[1]). Die Uebereinstimmung ist sogar überraschend gut in Anbetracht der mannigfachen Fehlerquellen, namentlich der Unvollkommenheit unserer zeichnerischen Darstellung. Es ist ein Beweis für die Zuverlässigkeit der Evershed-Vignolesschen Anordnung, daß — wie die Abb. 4 zeigt — fast keine einzige Messung auch nur um ein Geringes aus ihrer Versuchsreihe herausfällt. Eine derartige Genauigkeit ist mit keinem anderen magnetischen Meßverfahren erreichbar, auch nicht mit dem einfachen ballistischen Verfahren, bei dem magnetische Nachwirkungen zwischen den einzelnen Beobachtungen unvermeidlich sind und durch die Summierung aller Fehler selten ein Schließen der Kreisprozesse erreicht wird. Es darf aber nicht verschwiegen werden, daß

[1]) **Gumlich und Rose (ETZ 1905 S. 503 ff) haben bei ihren Versuchen für die größten und kleinsten Induktionen dieselbe Zunahme des Steinmetzschen Koeffizienten beobachtet.**

diese Genauigkeit von Evershed und Vignoles doch mit einer nicht unwesentlichen Verwicklung der Versuchsanordnung namentlich durch Hinzufügung eines neuen Stromkreises mit eigenem Regulier- und Meßgerät erkauft wird. Der Verfasser bedurfte bei den Messungen dauernd der Unterstützung eines gewandten Hülfsarbeiters zur Beobachtung und Regelung der Ströme sowie zur Bedienung der Schalter. Namentlich bereitete zuerst die Erscheinung Schwierigkeiten, daß nämlich nach Einschalten eines Stromes und nach der Messung infolge der durch die Stromwärme bedingten Erhöhung des Ohmschen Widerstandes die Stromstärke zurückging und dadurch auch der magnetische Zustand nachträglich geändert wurde. Besonders störend war dieser Vorgang an den Stellen der Hysteresisschleifen, wo die Kurve fast senkrecht ansteigt und schon die geringste — selbst mit den feinen Präzisionsgeräten kaum meßbare — Aenderung des Stromes erhebliche Aenderungen der Induktion zur Folge hat. Nach langwierigen Vorversuchen erwies sich schließlich das folgende Meßverfahren als vorteilhaft. Strom J_1 und i_2 wurden eingestellt und so lange in ihrer vollen Stärke belassen, bis unter dem Einfluß der Stromwärme ein Dauerzustand sicher erreicht war. Sodann erst wurde in möglichst kurzer Zeit nach mehrmaligem Kommutieren und Schalten die eigentliche Messung vorgenommen. Mit einiger Uebung des Hülfsarbeiters ließ es sich erreichen, daß tatsächlich die anfangs sehr störende Erscheinung fast vollkommen ausgeschaltet wurde, nicht zum wenigsten — wie schon früher angedeutet — infolge der kurzen Schwingungsdauer des Galvanometers. Der Einfluß einer großen Schwingungsdauer machte sich sehr unangenehm bemerkbar, als die soeben beschriebenen und auch die späteren Versuche mit einem anderen — im Elektrotechnischen Laboratorium der hiesigen Hochschule selbst gefertigten — Galvanometer nachgeprüft wurden. Dieses Galvanometer enthielt 2 schwere astatische Stabmagnete und besaß im Gegensatz zum ersten die außerordentlich große Schwingungsdauer $\tau = 10{,}47$ sk bei einer Dämpfung $k = 1{,}287$ bis $1{,}365$ (Vor-

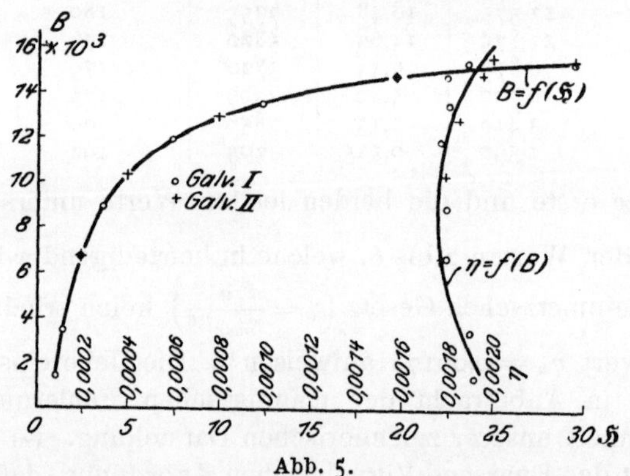

Abb. 5.

schaltwiderstand $w = 10000$ bis $50\ \Omega$). Die viel geringere Empfindlichkeit $c = 4{,}475 \cdot 10^{-8}$ erforderte 250 statt der bisherigen 50 Windungen für den Galvanometerkreis. Das genaue Arbeiten mit diesem zweiten Galvanometer stellte noch größere Anforderungen, da es noch schwieriger war, während der langen Schwingungszeit einen vollkommenen Dauerzustand aufrecht zu erhalten. Durch einige Kunstgriffe z. B. schnelles Bremsen mittels eines Gegenstromes gelang es aber doch schließlich, einwandfreie Messungen zu erreichen, die dann auch mit den früher unter wesentlich anderen Meßbedingungen erhaltenen Werten genügend übereinstimmten. Als Beispiel seien von den vielen Kontrollmessungen nur die mit beiden Galvanometern aufgenommenen Werte für die Magnetisierungskurven und die aus den Schleifen ermittelten Hysteresiskoeffizienten in Zahlentafel VI und Abb. 5 einander gegenübergestellt.

Zahlentafel VI.

Galvanometer I			Galvanometer II		
B	H	η	B	H	η
15 380	29,31	0,00188	15 500	29,31	0,00198
14 760	19,54	179	14 790	19,54	194
13 575	12,22	180	12 870	9,77	184
11 875	7,328	176	10 300	4,885	178
8 875	3,665	179	6 650	2,443	176
6 700	2,443	175			
3 418	1,465	190			
1 390	1,007	192			

Die zweite Versuchsreihe, die Aufnahme

unsymmetrischer Magnetisierungszyklen,

schloß sich zunächst dem Steinmetzschen Vorbild an, indem bei den sämtlichen magnetischen Zyklen stets von demselben magnetischen Zustand des Eisens ausgegangen und nur das Magnetisierungsintervall verändert wurde. Steinmetz hat diese Kurven für Gußeisen, Gußstahl usw. magnetometrisch aufgenommen. Sollte demgegenüber auch bei diesen Versuchen das Evershed-Vignolessche Verfahren zur Anwendung kommen, so galt es zunächst, es so zu erweitern, daß es die punktweise Ermittelung auch des rückläufigen Kurvenzuges ermöglichte. Abb. 6 zeigt eine solche Kurve mit der Amplitude $B—B'$. Punkt P bezeichnet den gemeinsamen magnetischen Anfangszustand für die ganze Versuchs-

Abb. 6.

reihe und kann durch Kommutation des zugehörigen Stromes J_1 jederzeit leicht geprüft werden. Angenommen, der hinlaufende Kurvenzug sei in der bekannten Weise bis zum Punkt P' mit Hülfe des unveränderlichen Stromes J_1 und eines zweiten stufenweise bis zur Größe J_2 erhöhten Stromes unter Oeffnen und

Schließen des Kreises II aufgenommen worden. Man gelangt dann offenbar auf dem rückläufigen Kurvenzug nach P zurück durch Verkleinerung des Stromes J_2.

Zur praktischen Ausführung dieses Gedankens wurde die Evershed-Vignolessche Schaltung gemäß Abb. 7 durch einen Widerstand r_2' mit einem Kurzschluß s' erweitert, der zu Beginn der Meßreihe geschlossen blieb, bis durch einen

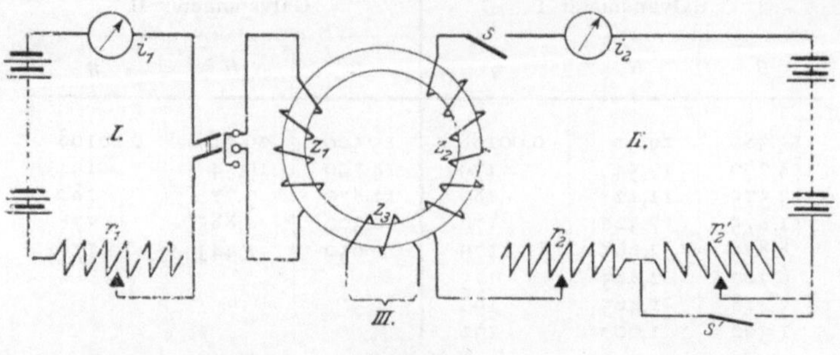

Abb. 7.

Strom J_2 der Punkt P' erreicht war. Wurde dann s' geöffnet, so wurde augenblicklich der Gesamtwiderstand des Kreises II durch den Widerstand r_2' vergrößert, d. h. J_2 sank auf irgend einen kleineren Wert i_2. Es wurde also ein Punkt des rückläufigen Kurvenzuges z. B. P_1' erreicht entsprechend einem Induktionsstoß $\Delta B_1 = (B' - B_1')$, der vom Galvanometer durch einen Ausschlag von n Teilstrichen angezeigt wurde. Beim Schließen von s' stellte sich auf dem in Abb. 6 angedeuteten Wege der frühere magnetische Zustand (Punkt P') wieder her. Jedesmal, wenn nach Vergrößerung des Widerstandes r_2' der Schalter s' von neuem geöffnet wurde, ergab sich ein weiterer Punkt, beispielsweise P_2' usw., bis schließlich beim Oeffnen des Schalters s der Widerstand des Kreises II $= \infty$ wurde und der Punkt P wieder erreicht war.

Nach diesem Verfahren wurden 9 Magnetisierungsschleifen (Abb. 8) aufgenommen. Da die größte Schleife in dieser Reihe mit der symmetrischen

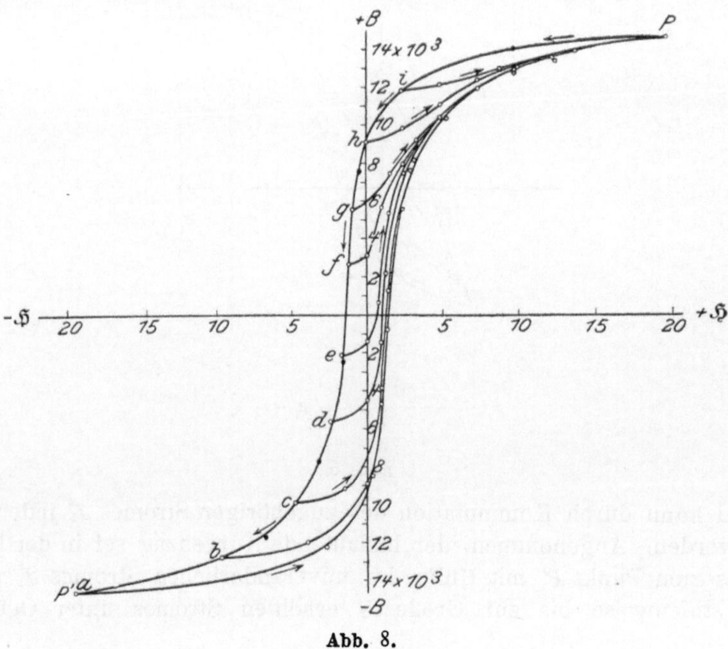

Abb. 8.

Zahlentafel VII.

a) $J_2 = 4{,}0$ Amp, $H_2 = -19{,}54$ [cgs], $n_2 = 181{,}5$, $w_2 = 175\,000\ \Omega$, $B - B' = 29\,300$ [cgs]

i_2	H_{res}	n	w	ΔB
3,005	− 9,82	64	10 000	672
2,275	− 2,687	134,3	20 000	2 640
1,96	+ 0,391	165,5	40 000	6 270
1,855	+ 1,416	150,5	100 000	13 960
1,675	+ 3,175	165,0	150 000	22 850
0,90	+10,75	171,5	175 000	27 700

b) $J_2 = 3{,}0$ Amp, $H_2 = -9{,}77$ [cgs], $n_2 = 170$, $w_2 = 175\,000\ \Omega$, $B - B' = 27\,450$ [cgs]

i_2	H_{res}	n	w	ΔB
2,40	−3,91	80,5	10 000	845
2,00	±0,00	201	20 000	3 950
1,90	+0,977	212,5	40 000	8 050
1,75	+2,442	198,3	100 000	18 400
1,46	+5,28	166,5	150 000	23 070

c) $J_2 = 2{,}5$ Amp, $H_2 = -4{,}885$ [cgs], $n_2 = 177$, $w_2 = 150\,000\ \Omega$, $B - B' = 24\,520$ [cgs]

i_2	H_{res}	n	w	ΔB
2,156	−1,515	75	10 000	788
1,90	+0,977	211	30 000	6 050
1,852	+1,466	161	75 000	11 250
1,702	+2,932	151,3	125 000	17 480
1,00	+9,77	164,5	150 000	22 800

d) $J_2 = 2{,}26$ Amp, $H_2 = -2{,}54$ [cgs], $n_2 = 176$, $w_2 = 125\,000\ \Omega$, $B - B' = 20\,320$ [cgs]

i_2	H_{res}	n	w	ΔB
2,00	± 0,00	109,5	10 000	1 150
1,904	+ 0,977	214	20 000	4 200
1,872	+ 1,27	167,5	50 000	7 870
1,75	+ 2,442	187,5	75 000	13 100
1,502	+ 4,885	172,5	100 000	16 000
0,73	+12,41	164,5	125 000	19 000

e) $J_2 = 2{,}18$ Amp, $H_2 = -1{,}758$ [cgs], $n_2 = 181$, $w_2 = 100\,000\ \Omega$, $B - B' = 16\,780$ [cgs]

i_2	H_{res}	n	w	ΔB
2,002	±0,00	74	10 000	777
1,92	+0,782	142,5	20 000	2 800
1,846	+1,515	197,5	40 000	7 480
1,54	+4,50	171,5	75 000	12 000
1,00	+9,77	161,0	100 000	14 950

f) $J_2 = 2{,}125$ Amp, $H_2 = -1{,}22$ [cgs], $n_2 = 171$, $w_2 = 75\,000\ \Omega$, $B - B' = 11\,950$ [cgs]

i_2	H_{res}	n	w	ΔB
2,004	± 0,00	42,5	10 000	446
1,900	+ 0,977	148,5	20 000	2 920
1,750	+ 2,442	140	40 000	5 300
1,500	+ 4,885	159	50 000	7 480
0,748	+12,21	156,5	75 000	10 920

g) $J_2 = 2{,}10$ Amp, $H_2 = -0{,}977$ [cgs], $n_2 = 193{,}5$, $w_2 = 50\,000\ \Omega$, $B - B' = 9100$ [cgs]

i_2	H_{res}	n	w	ΔB
1,840	+ 1,563	179,5	10 000	1885
1,660	+ 3,32	185	20 000	3635
1,240	+ 7,42	166,5	40 000	6310
0,740	+12,30	166	50 000	7800

h) $J_2 = 2{,}00$ Amp, $H_2 = \pm 0{,}00$ [cgs], $n_2 = 147$, $w_2 = 40\,000\ \Omega$, $B - B' = 5565$ [cgs]

i_2	H_{res}	n	w	ΔB
1,750	+ 2,443	112	5 000	661
1,500	+ 4,885	187,3	10 000	1967
1,250	+ 7,328	127	25 000	3070
0,750	+12,20	116,5	40 000	4415

i) $J_2 = 1{,}76$ Amp, $H_2 = +2{,}347$ [cgs], $n_2 = 187$, $w_2 = 15\,000\ \Omega$, $B - B' = 2820$ [cgs]

i_2	H_{res}	n	w	ΔB
1,498	+ 4,885	53,5	5 000	316
1,100	+ 8,79	205	5 000	1210
0,600	+13,67	142	15 000	2143

Kurve *b* aus Abb. 4 identisch ist, gestattet sie einen guten Vergleich der beiden Anordnungen. Die Versuchswerte nach Zahlentafel IV sind, durch einen vollen Punkt kenntlich gemacht, auch hier wieder eingetragen. Die Spitze dieser Schleife ist der durch Kommutierung des Stromes $J_1 = 4$ Amp stets wiedergewonnene Ausgangspunkt auch aller anderen Magnetisierungsprozesse, so daß diese sich sämtlich für den Hinlauf decken. Die Versuchswerte für die rücklaufenden Kurvenzüge sind unter Verwendung der oben gebrauchten Bezeichnungen in Zahlentafel VII zusammengestellt. J_1, der Strom im Kreise I, war während aller Versuche unveränderlich $= 4$ Amp, die ihm entsprechende Feldstärke $H_1 = 19{,}54$, die mit ihm erzielte Induktion B also für alle Schleifen $= 14\,700$.

J_2 bedeutet für den Stromkreis II den Höchststrom, der zu Beginn und am Schluß jeder Versuchsreihe durch den Schalter *s* ein- und ausgeschaltet wird,

n_2 den dabei stattfindenden Galvanometerausschlag (Vorschaltwiderstand $= w_2$), entsprechend der Amplitude $(B - B')$ der betreffenden Schleife,

H_2 die von J_1 und J_2 gemeinsam erzeugte Feldstärke,

i_2 den Stromwert, auf den der Strom im Kreise II beim Oeffnen des Schalters *s'* zurückgeht,

H_{res} die dann von J_1 und i_2 gemeinsam erzeugte Feldstärke,

n den Galvanometerausschlag beim Oeffnen und Schließen des Schalters *s'*,

w den zugehörigen Galvanometer-Vorschaltwiderstand,

ΔB die durch den Galvanometerausschlag angezeigte Induktionsänderung.

Wenn bei diesen letzten Versuchen nicht die gleiche Genauigkeit erreicht wurde wie früher und einzelne Punkte aus ihren Kurvenzügen herausfallen, so ist der Grund wohl darin zu sehen, daß die Umkehrpunkte (P') fast aller dieser Kurven auf dem steilen Ast der Magnetisierungskurve liegen, wo die unscheinbarste Stromänderung bereits eine große Induktionsänderung zur Folge hat. Trotzdem geben die Kurven ein anschauliches Bild von den magnetischen Vorgängen und unterstützen den — zuerst wohl von Madelung[1]) scharf formulierten — Satz, daß jeder Kurvenzug für einen magnetischen Kreisprozeß durch den Umkehrpunkt, von dem er ausgeht, eindeutig bestimmt ist. Alle Kurven folgen, von dem gleichen Umkehrpunkt P ausgehend, zunächst dem gleichen Kurvenzuge und laufen rückwärts sämtlich wieder tangential im gleichen Punkte zusammen. Es wird auch die Theorie bestätigt, daß in einer solchen Kurvenschar jede kleinere Schleife vollständig innerhalb der größeren liegen muß. Daraus folgt, daß Kurvenzüge nach Abb. 9, die Steinmetz als Beispiel für seine Messungen wiedergibt, einen nur geringen Genauigkeitsgrad für diese Messungen und wohl für die magnetometrischen Verfahren im allgemeinen erweisen.

Zahlentafel VIII.

	B	B'	$B - B'$	f qcm	a Erg	$\eta = \dfrac{a}{\left(\frac{\Delta B}{2}\right)^{1,6}}$
a	+ 14 650 = konst	−14 650	29 300	21,45	8530	0,00184
b		−12 800	27 450	18,81	7480	180
c		− 9 870	24 520	15,86	6310	181
d		− 5 670	20 320	12,20	4855	189
e		− 2 130	16 780	9,84	3910	206
f		+ 2 700	11 950	7,24	2880	261
g		+ 5 550	9 100	6,02	2390	335
h		+ 9 085	5 565	3,58	1424	439
i		+11 830	2 820	1,80	716	656

[1]) Göttinger Dissertation.

Die in Zahlentafel VIII zusammengestellten Arbeitswerte für die letzten magnetischen Kreisprozesse zeigen im Gegensatz zu den früheren Ergebnissen bereits erhebliche Abweichungen gegenüber den von Steinmetz aufgestellten Gesetzen. Der Quotient $\eta = \frac{a}{\left(\frac{B - B'}{2}\right)^{1,6}}$ hat anfangs zwar einen ziemlich gleichbleibenden, dem früher ermittelten ähnlichen Wert, doch vom Versuche f ab wächst die Ummagnetisierungsarbeit weit schneller, als nach dem allgemeinen Steinmetzschen Gesetz zu erwarten ist, bis schließlich der Quotient η den 3,5-fachen Betrag erreicht. Bei dem Versuch, dieses Ergebnis durch eine zeich-

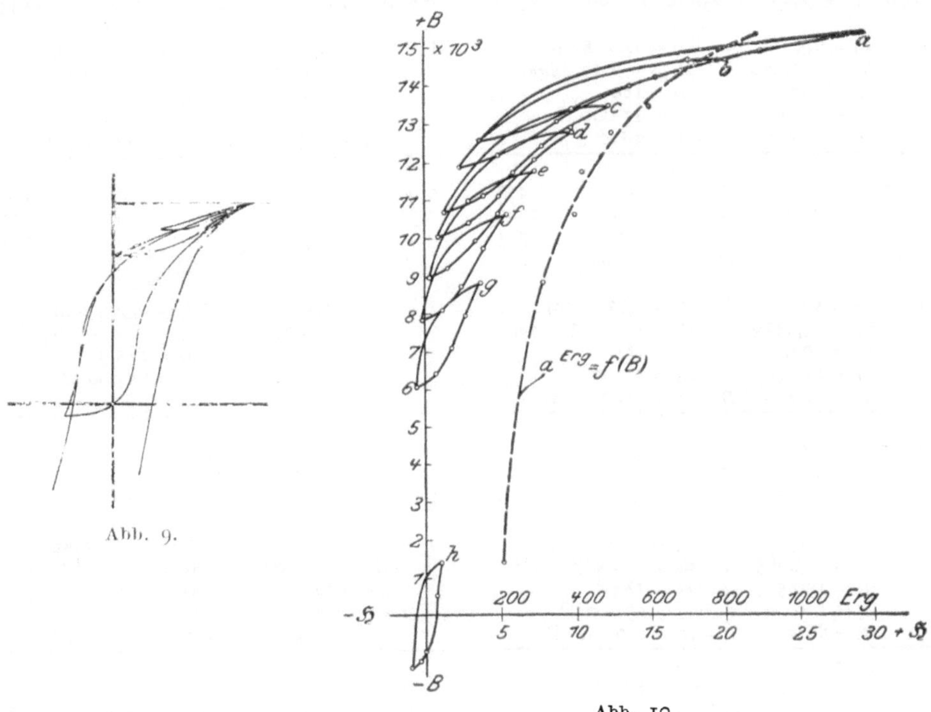

Abb. 9.

Abb. 10.

nerische Darstellung zu veranschaulichen, um aus dem Bilde etwa eine Gesetzmäßigkeit abzuleiten, sieht man sich vor die Frage gestellt, zu welcher Größe man den Arbeitsverbrauch ins Verhältnis setzen soll. Eine Darstellung von η wäre ja verfehlt gewesen, nachdem dieser von Steinmetz rein empirisch gefundene Faktor gerade durch die letzten Ergebnisse jegliche Bedeutung — wenigstens für den vorliegenden Fall — offenkundig verloren hatte. Aber auch eine Beziehung des Arbeitsverlustes zu den Magnetisierungsendwerten oder zu dem Unterschied der Sättigungsgrenzen erschien nicht angängig, da hierbei offenbar der ganz willkürlich gewählte und allen Magnetisierungsprozessen gemeinsame Anfangswert einen nicht prüfbaren Einfluß ausübte.

Es war daher zweckmäßig, zunächst überhaupt auf die weitere Behandlung der letzten Ergebnisse zu verzichten und

eine dritte Versuchsreihe

aufzunehmen, die ein klareres Bild zu geben versprach (Zahlentafel IX). Der wesentliche Unterschied zwischen diesen neuen in Abb. 10 dargestellten Versuchen und den vorhergehenden an Steinmetz angeschlossenen besteht darin, daß nicht mehr die Magnetisierungsprozesse sämtlich von einem gemeinsamen Anfangszu-

Zahlentafel IX.

a) $J_1 = 6{,}0$ $J_2 = 2{,}62$ Amp
$H_1 = +29{,}31$ $H_2 = +3{,}71$ [cgs]
$n_1 = 191$ $n_2 = 187{,}5$
$w_1 = 175\,000$ $w_2 = 15\,000\ \Omega$
$B = 15\,410$ $B - B' = 2830$ [cgs]

i_2	Hres	n	w	ΔB
2,00	+ 9,77	144	5 000	850
1,418	+15,43	111	15 000	1676
0,700	+22,45	154	15 000	2327

b) $J_1 = 4{,}0$ $J_2 = 1{,}76$ Amp
$H_1 = +19{,}54$ $H_2 = +2{,}347$ [cgs]
$n_1 = 182$ $n_2 = 187$
$w_1 = 175\,000$ $w_2 = 15\,000\ \Omega$
$B = 14\,700$ $B - B' = 2820$ [cgs]

i_2	Hres	n	w	ΔB
1,498	+ 4,885	53,5	5 000	316
1,100	+ 8,79	205	5 000	1210
0,600	+13,67	142	15 000	2143

c) $J_1 = 2{,}5$ $J_2 = 1{,}12$ Amp
$H_1 = +12{,}22$ $H_2 = +1{,}27$ [cgs]
$n_1 = 195$ $n_2 = 186$
$w_1 = 150\,000$ $w_2 = 15\,000\ \Omega$
$B = 13\,500$ $B - B' = 2810$ [cgs]

i_2	Hres	n	w	ΔB
0,85	+3,91	76,5	5 000	451
0,65	+5,86	183,5	5 000	1083
0,45	+7,82	170	10 000	1785
0,25	+9,77	150	15 000	2265

d) $J_1 = 2{,}0$ $J_2 = 0{,}913$ Amp
$H_1 = +9{,}77$ $H_2 = +0{,}83$ [cgs]
$n_1 = 185$ $n_2 = 184$
$w_1 = 150\,000$ $w_2 = 15\,000\ \Omega$
$B = 12\,800$ $B - B' = 2780$ [cgs]

i_2	Hres	n	w	ΔB
0,699	+2,93	64	5 000	378
0,500	+4,885	178	5 000	1050
0,252	+7,33	196,5	10 000	2063

e) $J_1 = 1{,}5$ $J_2 = 0{,}722$ Amp
$H_1 = +7{,}328$ $H_2 = +0{,}293$ [cgs]
$n_1 = 204{,}3$ $n_2 = 185$
$w_1 = 125\,000$ $w_2 = 15\,000\ \Omega$
$B = 11\,800$ $B - B' = 2800$ [cgs]

i_2	Hres	n	w	ΔB
0,595	+1,515	37,5	5 000	221
0,407	+3,37	159	5 000	938
0,250	+4,885	111,5	15 000	1684

f) $J_1 = 1{,}1$ $J_2 = 0{,}569$ Amp
$H_1 = +5{,}37$ $H_2 = -0{,}196$ [cgs]
$n_1 = 184$ $n_2 = 185{,}5$
$w_1 = 125\,000$ $w_2 = 15\,000\ \Omega$
$B = 10\,630$ $B - B' = 2800$ [cgs]

i_2	Hres	n	w	ΔB
0,431	+1,172	48,5	5 000	286
0,300	+2,445	152,5	5 000	900
0,151	+3,910	182,0	10 000	1910

g) $J_1 = 0{,}75$ $J_2 = 0{,}432$ Amp
$H_1 = +3{,}665$ $H_2 = -0{,}537$ [cgs]
$n_1 = 190{,}5$ $n_2 = 184{,}5$
$w_1 = 100\,000$ $w_2 = 15\,000\ \Omega$
$B = 8830$ $B - B' = 2790$ [cgs]

i_2	Hres	n	w	ΔB
0,300	+0,733	64,5	5 000	381
0,198	+1,73	177	5 000	1044
0,101	+2,68	182	10 000	1910

h) $J_1 = 0{,}206$ $J_2 = 0{,}206$ Amp
$H_1 = +1{,}007$ $H_2 = -1{,}007$ [cgs]
$n_1 = 185$ $n_2 = 183{,}5$
$w_1 = 150\,000$ $w_2 = 15\,000\ \Omega$
$B = 1395$ $B - B' = 2770$ [cgs]

i_2	Hres	n	w	ΔB
0,065	+0,371	30,5	5 000	180
0,09	+0,127	54,5	5 000	322
0,103	±0,00	74,5	5 000	440
0,181	−0,752	185,0	10 000	1940

stand ausgehen und ein verschiedenes Induktionsintervall umfassen; vielmehr beginnt jede Magnetisierungsschleife mit einer anderen Induktion B, die jedesmal durch Kommutation des zugehörigen Stromes J_1 gesichert wurde. Dafür wurde aber der Unterschied der Sättigungsgrenzen ($B - B'$) für sämtliche Magnetisierungsprozesse möglichst gleich (= 2800) gewählt. Die größten Abweichungen von diesem Wert sind nur = ± 3 vH und können das Gesamtbild nicht wesentlich beeinträchtigen. Der erste Teil der Magnetisierungsprozesse, der Hinweg, wurde entsprechend der ersten Versuchsreihe (vgl. Abb. 4) bestimm. Für den zweiten Teil, den Rückweg, wurde das bei der zweiten Versuchsreihe beschriebene Versuchsverfahren angewandt (vgl. Abb. 6). Die letzte Kurve *h* ist mit der Kurve *h* der ersten Versuchsreihe (vgl. Abb. 4) identisch, die Kurve *b* mit Kurve *i* der zweiten Versuchsreihe (vgl. Abb. 8).

Bei der Auswertung der Hysteresisflächen (Zahlentafel X) zeigt sich nun — wie schon der Augenschein der Abb. 10 lehrt — daß für die 8 Magnetisierungszyklen mit gleicher Amplitude durchaus nicht die Ummagnetisierungsarbeiten gleich sind. Diese nehmen vielmehr mit der absoluten Höhe der Induktion beträchtlich — bis zu einem mehr als vierfachen Werte — zu. In Abb. 10 sind die Ummagnetisierungsarbeiten für die Amplitude $(B-B') = \infty\ 2800$ über den zugehörigen Ausgangsinduktionen B aufgetragen. Die Kurve zeigt einen stetigen Verlauf.

Zahlentafel X.

	B	B'	ΔB	f qcm	a Erg
a	+15 410	+12 580	2830	4,47	890
b	+14 700	+11 880	2820	3,52	700
c	+13 500	+10 690	2810	3,01	598
d	+12 800	+10 020	2780	2,49	495
e	+11 800	+ 9 000	2800	2,10	417
f	+10 630	+ 7 830	2800	2,01	399
g	+ 8 830	+ 6 040	2790	1,58	314
h	+ 1 395	— 1 375	2770	1,03	205

Zum Beweise dafür, daß diese den Steinmetzschen Versuchen widersprechenden Ergebnisse nicht etwa eine Folge des abweichenden Verfahrens seien, war es notwendig, die mit Gleichstrom durchgeführten Magnetisierungsversuche durch dynamische Versuche mittels Wechselstromes nachzuprüfen, wie sie von Steinmetz bei der Magnetisierung von weichem Eisen ausschließlich verwandt wurden. Gleichzeitig war zu hoffen, daß diese vergleichenden Messungen einen Beitrag zur Lösung der noch immer umstrittenen Frage lieferten, ob und wie weit die magnetischen Prozesse — insbesondere die mit ihnen verknüpften Verluste — von der Magnetisierungsgeschwindigkeit abhängig sind.

Wiederum bildeten den Ausgangspunkt

symmetrische Magnetisierungsprozesse

unter Verwendung reinen Wechselstromes. Der Strom wurde für sämtliche Wechselstrommessungen einer älteren Maschine von Schuckert & Co. entnommen, die bei einer über die Oberfläche des Ringankers fein verteilten Wicklung eine vorzüglich glatte Spannungskurve bei fast genau sinusförmigem Charakter liefert. Im übrigen gelangten bei den vorliegenden Messungen die beiden Schaltungen nach Abb. 11 und 13 zur Verwendung, die erstere zur Aufnahme der Magnetisierungskurve, die letztere zur Bestimmung der Eisenverluste.

Bei der Schaltung nach Abb. 11 wurde von der Dynamo D, deren Umlaufzahl sich mit Hülfe des Framschen Frequenzmessers F genau auf 1500 — entsprechend $\nu = 50$ Perioden — einstellen ließ, die bekannte Wicklung z_1 mit 500 Windungen erregt. Es wurden der magnetisierende Strom J und die Maschinenspannung E_p mittels dynamometrischer Präzisionsinstrumente von Hartmann & Braun gemessen und der Verlauf der *EMK*- und der Stromkurve mit einem modernen Oszillographen der Siemens-Schuckert Werke durch photographische Momentaufnahmen, Abb. 12, festgelegt. Zu diesem Zwecke wurde die eine Meßschleife des Oszillographen über einen Widerstand r_{I} an die früher für den Galvanometeranschluß benutzten 50 Windungen gelegt, die andere Meßschleife mit einem Vorschaltwiderstand r_{II} an einen in den Hauptstromkreis eingeschalteten Widerstand $w = 0{,}212\ \Omega$. Die infolge der Aufnahme der *EMK*-Kurve vorhandenen sekundären Amperewindungen sind von so geringer Größe, daß sie den Primärstrom J und sein Bild praktisch nicht beeinflussen. Die Primärspannung wurde unter Vermeidung eines Vorschaltwiderstandes im Hauptkreis lediglich durch Regelung der Maschinenerregung verändert, so daß die Spannungskurve fast genau ihren Sinuscharakter bewahrte.

Aus der Klemmenspannung E_p ergibt sich unter Berücksichtigung des Ohmschen Widerstandes im Primärkreis die elektromotorische Kraft E in genügender Annäherung zu $\sqrt{E_p^2 - J^2 W^2}$. Die Werte E und J sind zusammen mit den bei Auswertung der Oszillogramme gewonnenen Ergebnissen in Zahlentafel XI zusammengestellt.

Zahlentafel XI.

	E_1 Volt	Scheitelfaktor der *EMK*-Kurve	Formfaktor der *EMK*-Kurve	B_{max}	J Amp	Scheitelfaktor	J_{max} Amp
a	25,0	1,42	1,11	4 480	0,26	1,334	0,347
b	55,0	1,42	1,12	9 780	0,556	1,664	0,925
c	74,7	1,42	1,12	13 340	1,086	2,08	2,255
d	87,8	1,45	1,11	15 800	2,47	2,36	5,86
e	95,1	1,46	1,12	16 500	4,66	2,34	10,89

In den Oszillogrammen entspricht eine halbe Periode $^1/_{100}$ sk. Zur Bestimmung des Ordinatenmaßstabes wurden die $\overline{EMK^2}$- und J^2-Kurven bestimmt und die Wurzeln der durch Planimetrierung gefundenen mittleren Höhen zu den abgelesenen Effektivwerten in Vergleich gesetzt. Sodann wurde aus dem von der *EMK*-Kurve eingeschlossenen Flächeninhalt $\left(\int e\,dt\right)$ unter Berücksichtigung des Maßstabes die höchste Sättigung:

$$B_{max} = {}^1/_2 \frac{10^8}{z_1\, q^{qcm}} \int_0^{\frac{T}{2}} e^{\text{Volt}}\, dt\, [cgs],$$

für die Stromkurven der Scheitelfaktor berechnet. Bei einiger Sorgfalt erhält man auf diese Weise genauere Werte als durch jedesmalige Eichung des Oszillographen mittels Gleichstromes. Auch erschien der beschriebene Weg zur Berechnung der Induktion genauer als die übliche Berechnung nach der Induktionsformel, obwohl für den vorliegenden Fall Form- und Scheitelfaktor aller *EMK*-Kurven einen annähernd sinusförmigen Verlauf beweisen.

Die Bestimmung der Eisenverluste erfolgte — wie schon erwähnt — in einer besonderen Versuchsreihe (Zahlentafel XII) unter Benutzung einer Anordnung nach Abb. 13. Primär wurde wieder die Wicklung z_1 gespeist, auf der Sekundärseite aber diesmal der größeren Uebersetzung wegen die Wicklung z_2 mit 1000 Windungen benutzt. Der sekundär angeschlossene Spannungsmesser erlaubte, unmittelbar die elektromotorische Kraft E_2 zu messen. Zur Berechnung der Sättigungen B_{max} wurden die früher aus den Oszillogrammen gewonnenen Umrechnungsfaktoren verwandt. Der mit der Spannungsspule ebenfalls auf der Sekundärseite liegende Leistungsmesser maß außer der Eisenleistung ($A = A_h + A_w$) nur noch die in den beiden Spannungskreisen verzehrte Energie, die — an sich gering — aufs genaueste in Rechnung gesetzt werden konnte. Selbstverständlich mußten die Angaben nach dem Uebersetzungsverhältnis 2 : 1 reduziert werden. Durch die Trennung in 2 Versuchsreihen gelang es also, sowohl die Eisenverluste bei den verschiedenen Induktionen genau zu messen — ohne die Ungenauigkeit, die bei der Messung auf der Primärseite infolge der schwer kontrollierbaren Wärmeverluste unvermeidlich ist — wie auch die zur Magnetisierung erforderlichen Ströme ohne Einfluß sekundärer Lasten genau zu bestimmen und oszillographisch aufzunehmen.

Zahlentafel XII.

	E_1 Volt	B_{max}	A Watt	A_h Watt	A_w Watt
1	7,9	1 410	0,78	0,67	0.1
2	18,0	3 225	3,13	2,47	0,52
3	25,0	4 480	4,95	4,08	1,0
4	39,9	7 150	10,59	8,43	2,57
5	55,4	9 915	18,83	14,15	4,94
6	65,1	11 675	24,86	18,6	6,83
7	75,0	13 450	33,25	23,9	9,1
8	82,0	14 675	39,69	28,2	10,8
9	87,8	15 800	46,30	34,0	12,4
10	93,0	16 350	51,82	36,5	13,3

(A_h, A_w: berechnete Werte (vergl. S. 18))

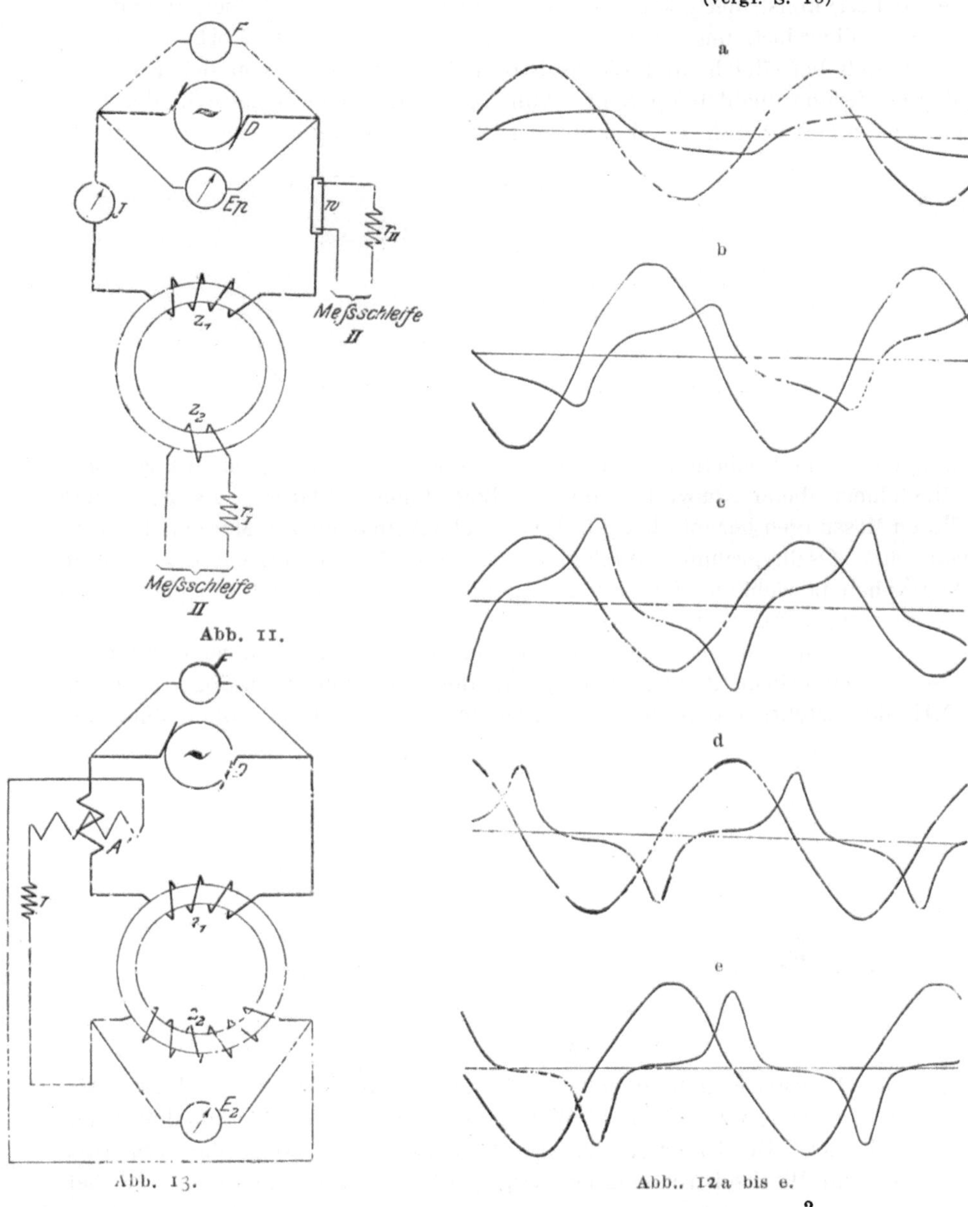

Abb. 11.

Abb. 13.

Abb. 12a bis e.

Die Schwierigkeit eines Vergleichs der mit Wechselstrom und der ballistisch gewonnenen Ergebnisse wird erschwert durch die bei Verwendung von Wechselstrom trotz der Unterteilung des Eisens nicht unerheblichen Wirbelströme. Diese werden heute wohl allgemein als eine sekundäre Last des untersuchten Transformators betrachtet, die eine Vergrößerung des Primärstromes zur Folge haben muß. Es addiert sich zu dem eigentlichen »Magnetisierungsstrom« die sogenannte »Wirbelstromkomponente«, die, da die Bahnen der Wirbelströme mit großer Annäherung als Leiter von reinem Ohmschem Widerstand anzusehen sind, mit der Sekundär- und Primär-*EMK* in Phase sind und auch ihrer Kurvenform folgen. Hieraus ergibt sich aber, daß der Einfluß der Wirbelströme im Augenblick der höchsten Induktion, wo die $EMK = 0$ wird, zu vernachlässigen ist. Es muß also die aus den oben gewonnenen Werten für B_{max} und J_{max} (Zahlentafel XI) konstruierte Magnetisierungskurve mit den ballistisch gefundenen Ergebnissen übereinstimmen, wenn überhaupt die magnetischen Verhältnisse des Eisens an sich bei Gleich- und Wechselstrom dieselben, d. h. von der Frequenz der Magnetisierung unabhängig sind. Abb. 14 scheint diese letztere in der Literatur noch nicht überall anerkannte Ansicht zu bestätigen. Die kleinen Ab-

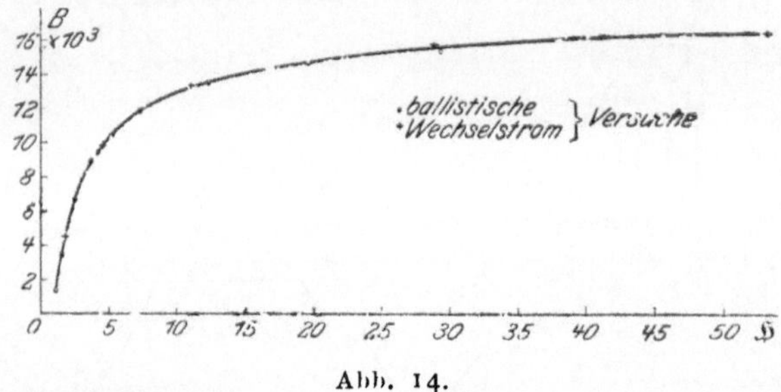

Abb. 14.

weichungen — im Höchstfall etwa 2 vH — lassen sich zwanglos aus Zeichen- und Meßfehlern beim Auswerten der Oszillogramme erklären. Es geht auch aus diesen Messungen hervor, daß die dynamische Aufnahme von Magnetisierungskurven ohne Oszillogramme unmöglich ist, daß aber anderseits die neueren Oszillographen tatsächlich nicht nur für qualitative, sondern auch für quantitative technische Messungen geeignet sind.

In Abb. 15 sind durch die Kurve I die mit dem Leistungsmesser bestimmten gesamten Eisenverluste *A* in Abhängigkeit der höchsten Induktionen (Zahlentafel XII) dargestellt; außerdem wurden zu den gleichen Induktionen unter Be-

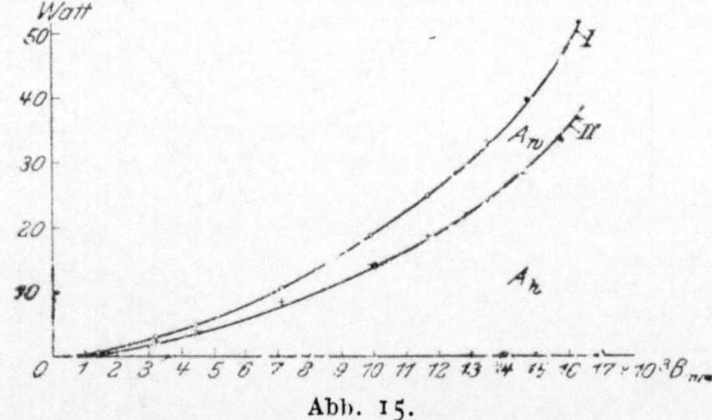

Abb. 15.

nutzung der ballistisch gefundenen Koeffizienten (vgl. Abb. 5) die Hysteresisarbeiten $A_h = V \text{ ccm}\ \eta\ \nu\ B_{max}^{1,6}\ 10^{-7}$ Watt gesondert berechnet und durch ein Kreuz bezeichnet. Die Unterschiede $(A - A_h)$ mußten also, wenn die Hysteresis bei Gleich- und Wechselstrommagnetisierung gleichmäßig auftritt, als Wirbelstromverluste A_w zu erklären sein. Daß dies tatsächlich möglich ist, beweist Kurve II in Abb. 15, welche von den Gesamteisenverlusten A die nach der Formel

$$A_w = V \text{ ccm } \xi \nu^2 B^2_{max} \, 10^{-7} \text{ Watt}$$

mit einem mittleren Wert[1]) $\xi = 3{,}1 \cdot 10^{-7}$ berechneten Wirbelstromverluste abtrennt. Die vorliegenden, vergleichenden Messungen bestätigen also die Ansicht, daß sowohl die Magnetisierung selbst wie die Größe des Ummagnetisierungsverlustes für einen Zyklus bei Gleich- und Wechselstrommagnetisierung völlig dieselbe, d. h. von der Frequenz unabhängig ist. Voraussetzung bei Aufstellung und Anerkennung dieses Satzes ist allerdings, wie schon obige Rechnungen zeigen, die Berücksichtigung der Wirbelströme als einer sekundären Erscheinung, die, von äußeren Faktoren z. B. der Blechdicke abhängig, bei der Beurteilung der eigentlichen magnetischen Verhältnisse wenigstens rechnerisch ausgeschaltet werden muß, so lange dies beim Versuch selbst durch Anwendung unendlich dünner Blechstärken nicht möglich ist. Dies ist von vielen Forschern wohl nicht genügend erkannt worden, z. B. von all denen, die aus den bei dynamischen Magnetisierungsversuchen mit dem Oszillographen, der Braunschen Röhre oder dergl. aufgenommenen Strom- und Spannungskurven Hysteresisschleifen konstruiert und aus ihrem Verlauf und Flächeninhalt ohne genügende Beachtung der mit dem Quadrat der Frequenz steigenden Wirbelstromverluste Rückschlüsse auf die Abhängigkeit der magnetischen Eigenschaften ihres Versuchsmateriales von der Magnetisierungsfrequenz gezogen haben.

In Abb. 16 ist aus einem Oszillogramm (Abb. 12c) der Verlauf des Magnetisierungsprozesses konstruiert worden. Wie man sieht, ist der Flächeninhalt der dabei entstehenden Schleife wesentlich größer als der Inhalt der im Anschluß an die ballistischen Versuche zum Vergleich eingezeichneten Hysteresisschleife. Es stellt zwar auch die mit Wechselstrom gewonnene Kurve eine »Hysteresisschleife« in dem Sinne dar, daß sie das Nachhinken des magnetischen Prozesses hinter dem magnetisierenden Strom bei Hin- und Rückgang veranschaulicht, aber ihr Flächeninhalt stellt nicht allein die bei einem Zyklus verlorene Ummagnetisierungsarbeit, d. h. die bei der Umlagerung der Moleküle verbrauchte Energie, sondern die gesamte dem Eisen des Transformators zugeführte Energie dar unter Einschluß des sekundär als Nutzleistung oder als Wirbelstromverlust erscheinenden Betrages. Der von Ewing für die reine Ummagnetisierungsarbeit gegebene Beweis läßt sich ohne weiteres in diesem Sinne verallgemeinern. Mit zunehmender sekundärer Belastung des Transformators müßte sich die aus dem Strom und der Primär-*EMK* konstruierte Schleife entsprechend mehr und mehr verbreitern und ihr Flächeninhalt zunehmen. Die Gesamtfläche gäbe immer die gesamte primär dem Eisen zugeführte Energie; die bei der Umwandlung der elektrischen Energie in magnetische infolge Hysteresis verlorene Arbeit würde durch die innerste von der Belastung unabhängige Schleife dargestellt; die Differenzfläche endlich enthielte die sekundär wiedererscheinende (elektrische) Energie, die Wirbelstrom- und die Nutzleistung. Es ist dies, wie schon von Steinmetz an einer Stelle angedeutet, die Kehrseite zu der Erscheinung, daß man durch Erschütterung des Eisens während der Magnetisierung einen Teil der Molekulararbeit durch äußere mechanische Arbeit decken und so die »Hysteresisschleife« auch beliebig verkleinern kann.

Es dürfte wohl wenig Fragen in der technischen Wissenschaft geben, die so heiß umstritten worden sind, wie die Frage nach dem Verhältnis zwischen

[1]) Die Veränderlichkeit von ξ infolge Erwärmung des Eisens blieb unberücksichtigt.

Gleich- und Wechselstrommagnetisierung. Bedeutende Forscher haben ausgedehnte Versuche gerade in dieser Richtung angestellt, und fast jeder — möchte man sagen — ist zu anderen Ergebnissen gekommen. Die einen haben starke Steigerungen der Ummagnetisierungsarbeit bei zunehmender Frequenz festgestellt, andere wieder eine starke Abnahme, wenige eine angenäherte Uebereinstimmung bei Gleich- und Wechselstrommagnetisierung. Eine eingehende Kritik der verschiedenen Versuche wird dadurch sehr erschwert, daß die einzelnen Forscher die verschiedensten Verfahren mit den ihnen anhaftenden Mängeln angewandt und nicht einmal die grundlegenden Begriffe gleichmäßig aufgestellt haben. Der Hauptfehler der meisten scheint aber in einer nicht ganz klaren Erkenntnis und ungenügenden Berücksichtigung der Wirbelströme zu suchen zu sein. Nachdem die Ergebnisse der vorliegenden Arbeit durch gute Uebereinstimmung zwischen den ballistischen und den Wechselstromversuchen erwiesen haben, daß bei voller Würdigung der Wirbelströme wenigstens bis zu 50 Perioden die reine Ummagnetisierungsarbeit für den Zyklus von der Frequenz unabhängig ist, liegt die Vermutung sehr nahe, daß auch bis zu Hochfrequenz

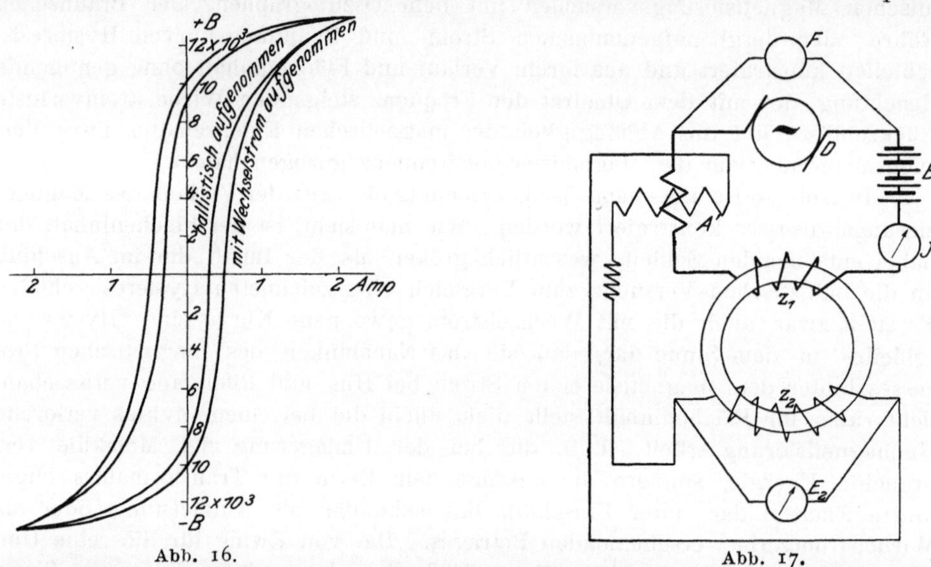

Abb. 16. Abb. 17.

trotz entgegenstehender älterer Versuche keine Aenderung in der reinen Ummagnetisierungsarbeit eintritt. Jedenfalls scheint dieser Schluß so viel Berechtigung zu haben, daß er durch die bisher vorliegenden — offensichtlich nicht einwandfreien und sich widersprechenden — Arbeiten nicht entkräftet wird. Auch eine von mehreren Forschern beobachtete Erscheinung, die sich darin zeigen soll, daß der Höchstwert des magnetisierenden Wechselstromes zeitlich nicht mit dem der magnetischen Sättigung zusammenfällt, läßt sich zwanglos als eine Folge der Wirbelströme erklären, ohne daß es nötig wäre, dafür den neuen Begriff der Viskosität einzuführen.

Hiernach war vorauszusehen, daß auch die im Folgenden mitgeteilten

dynamischen Untersuchungen von unsymmetrischen Magnetisierungsprozessen

die gleichen Ergebnisse liefern mußten, wie die entsprechenden früheren ballistischen Messungen (Abb. 8 und 10). Es wurde die in Abb. 17 dargestellte Anordnung benutzt, die zu der Anordnung nach Abb. 13 nur noch eine Akkumulatorenbatterie B hinzufügt. Diese letztere diente dazu, die Spule durch Gleichstrom J_G zu erregen und dem Eisen eine entsprechende Sättigung B_0 zu erteilen. Wurde sodann von der mit der Batterie in Reihe geschalteten Dynamo eine Wechselspannung hinzugegeben, so wurde das Eisen magnetischen Prozessen, ähnlich denen in Fig. 8 und 10, unterworfen, indem sich über den Gleichstrom ein Wechselstrom lagerte. Die Wechselstromspannung wurde wieder allein durch die Erregung der Dynamo geregelt, die Gleichstromspannung durch Zu- und Abschalten einzelner Akkumulatorenzellen. Bei Vermeidung jeglichen Vorschaltwiderstandes war also stets in guter Annäherung eine sinusförmige Wechsel-*EMK* zu erwarten. Die 5 Versuchsreihen I bis V (vergl. in Zahlentafel XIII die wagerechten Reihen) unterscheiden sich lediglich durch die Zahl der eingeschalteten Akkumulatorenzellen (0 bis 4), d. h. durch die Größe der Gleichstromkomponente J_G und die Höhe der Grundsättigung B_0. Innerhalb dieser 5 Reihen wurde — soweit die Versuchseinrichtungen es gestatteten — auf 10 bestimmte Werte der *EMK* (zwischen 7,9 und 93 V) eingeregelt, so daß immer die untereinander stehenden Versuche Magnetisierungsprozesse von gleicher *EMK* und gleicher Kraftlinienamplitude sind. Stellte man also die sämtlichen Vorgänge bildlich zusammen, so würde jede der 10 senkrechten Reihen eine der Abb. 10 ähnliche Tafel ergeben und magnetische Kreisprozesse von gleicher Amplitude mit den verschiedensten absoluten Sättigungswerten enthalten.

Ich verzichtete darauf, aus den zu Versuchsreihe 1, 5 und 9 aufgenommenen Oszillogrammen, Abb. 18a bis 18l, die magnetischen Prozesse zeichnerisch darzustellen, da die Schleifen wegen der Wirbelströme doch kein reines Bild der Hysteresis gegeben hätten und auch die richtige Lage der einzelnen Schleifen

Zahlentafel XIII.

	1	2	3	4	5	6	7	8	9	10
	E = 7,9 ΔB = 2820	18,0 6450	25,0 8960	39,9 14300	55,4 19830	65,1 23350	75,0 26900	81,9 29350	87,8 31600	93 Volt 32700
I — 0 Zellen, J_G = 0 Amp	A' = 1,20 A_h = **0,68** a	5,28 **2,61**	7,20 **3,95**	15,25 **8,02**	26,80 **13,89** f	35,00 **18,03**	46,75 **24,15**	49,50 **28,89**	57,60 **33,9** i	64,50 **38,52**
II — 1 Zelle, J_G = ∾ 0,75 Amp	A' = 1,85 A_h = **1,33** b	7,00 **4,33**	9,20 **5,95**	17,40 **10,17**	28,00 **15,09** g	35,50 **18,53**	46,75 **24,15**	48,60 **27,99**	57,00 **33,3** k	63,90 **37,92**
III — 2 Zellen, J_G = ∾ 1,5 Amp	A' = 2,30 A_h = **1,78** c	8,00 **5,33**	10,20 **6,95**	18,75 **11,52**	28,60 **15,69** h	36,75 **19,78**	46,75 **24,15**	48,00 **27,39**	56.4 **32,7** l	—
IV — 3 Zellen, J_G = ∾ 2,25 Amp	A' = 2,50 A_h = **1,98** d	8,50 **5,83**	11,3 **8,05**	—	—	—	—	—	—	—
V — 4 Zellen, J_G = ∾ 3,0 Amp	A' = 2,60 A_h = **2,08** e	8,75 **6,08**	—	—	—	—	—	—	—	—
Wirbelstromverlust .	A_w = 0,1	0,52	1,0	2,57	4,94	6,83	9,1	10,8	12,4	13,3 Watt
Wattmeterverlust . .	$= \frac{E_{p2}^2}{w_1} = 0,25$	1,29	1,25	2,12	3,07	3,38	4,5	4,46	5,13	5,77 »
Voltmeterverlust . .	$= \frac{E_{p2}^2}{w_2} = 0,17$	0,86	1,0	2,54	4,90	6,76	9,0	5,35	6,17	6,91 »

Den Versuchen der 1., 5. und 9. Reihe sind zur Orientierung die Bezeichnungen (a bis l) der ihnen angenähert entsprechenden Oszillogramme beigefügt. Die Abweichungen erklären sich daraus, daß die oszillographischen Aufnahmen den Einbau eines Shuntes erforderten und während der Aufnahmen auch nicht die *EMK*, sondern die primäre Klemmenspannung mit dem Voltmeter gemessen wurde.

a

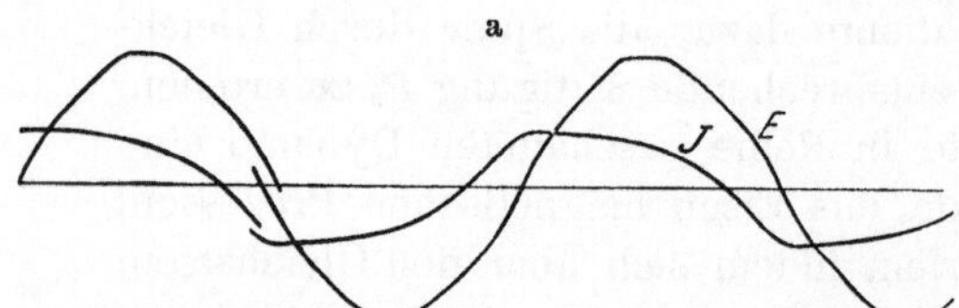

E_p eff. = 7,5 V, Jeff. = 0,2 Amp, J_G = 0 Amp,
H_G = 0

b

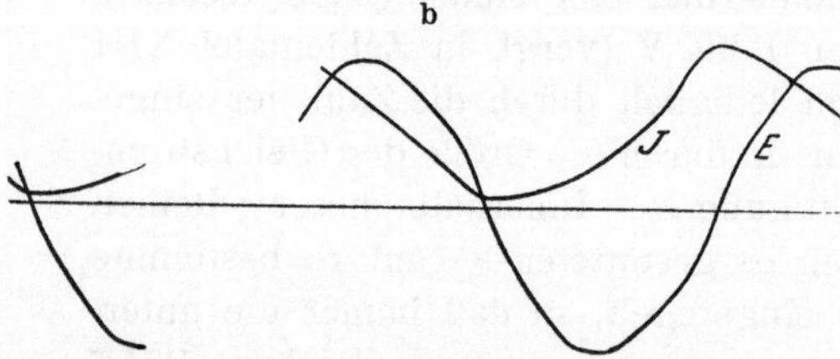

E_p eff. = 7,9 V, Jeff. = 0,8 Amp, J_G = rd. 0,6 Amp,
H_G = rd. 2,9

c

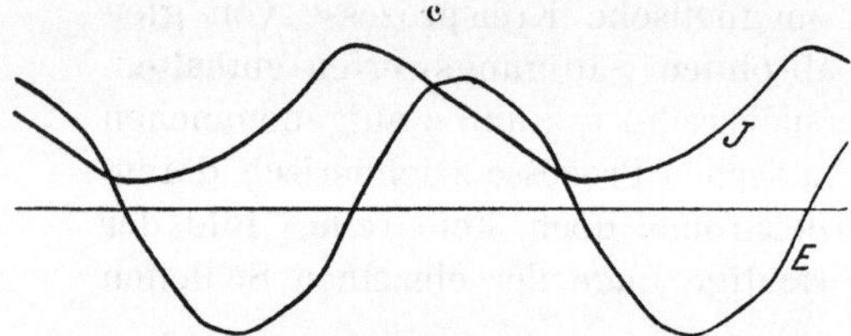

E_p eff. = 7,9, Jeff. = 1,52 Amp, J_G = rd. 1,3 Amp,
H_G = rd. 6,4

d

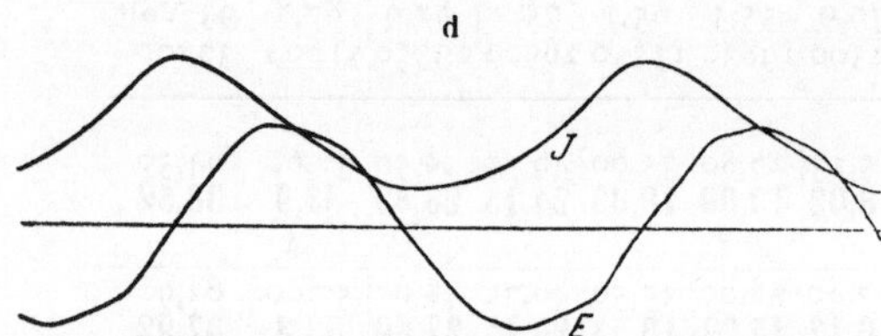

E_p eff. = 7,9 V, Jeff. = 2,2 Amp, J_G = rd. 1,85 Amp,
H_G = rd. 9

e

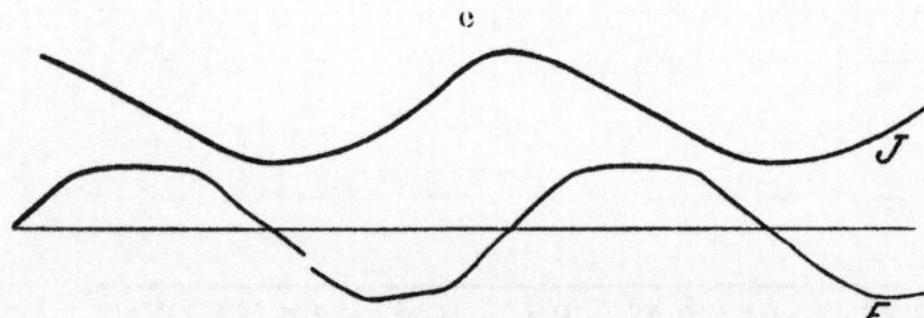

E_p eff. = 7,9 V, Jeff. = 2,8 Amp, J_G = rd. 2,5 Amp,
H_G = rd. 12,3

f

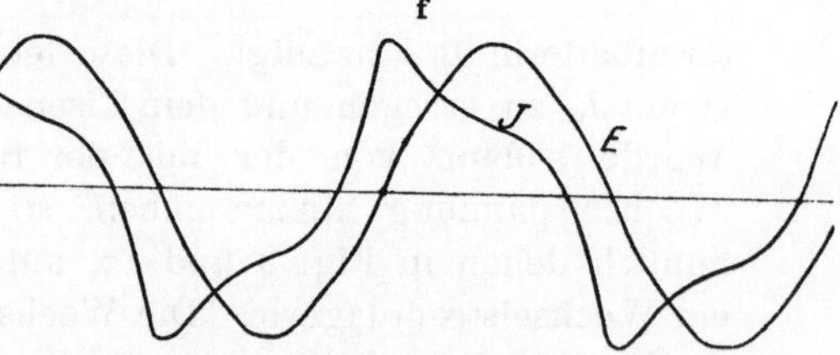

E_p eff. = 55,4 V, Jeff. = 0,56 Amp, J_G = 0 Amp,
H_G = 0

g

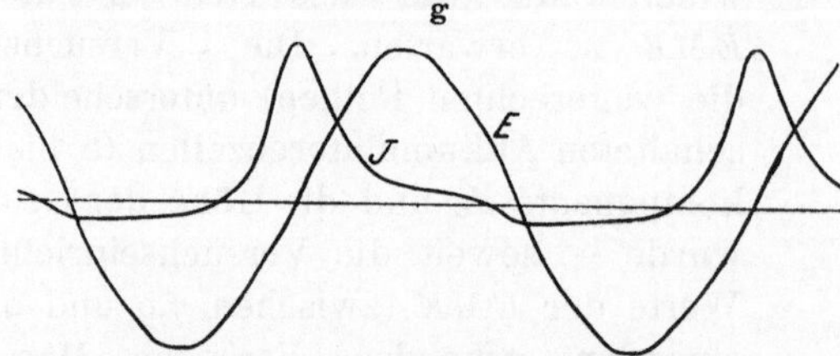

E_p eff. = 55,4 V, Jeff. = 1,5 Amp, J_G = rd. 0,6 Amp,
H_G = rd. 2,9

h

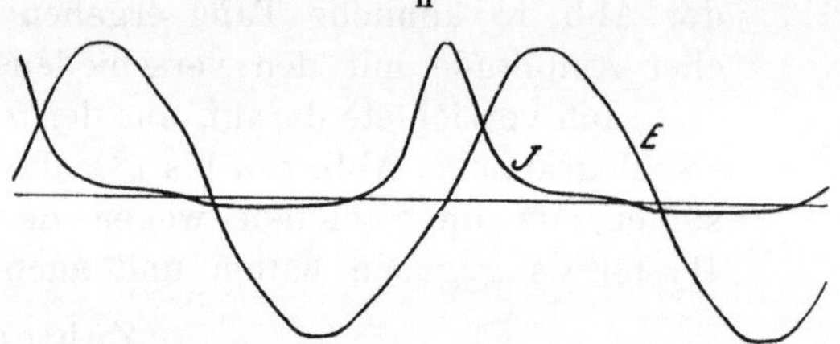

E_p eff. = 55,4 V, Jeff. = 2,74 Amp, J_G = rd. 1,3 Amp,
H_G = rd. 6,4

i

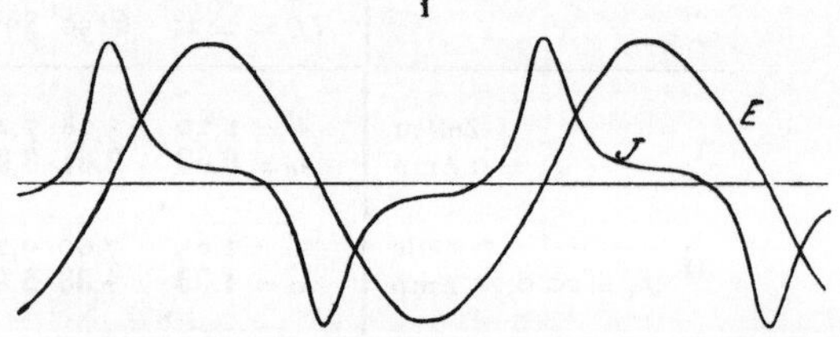

E_p eff. = 87,8 V, Jeff. = 2,47 Amp, J_G = 0 Amp,
H_G = 0

k

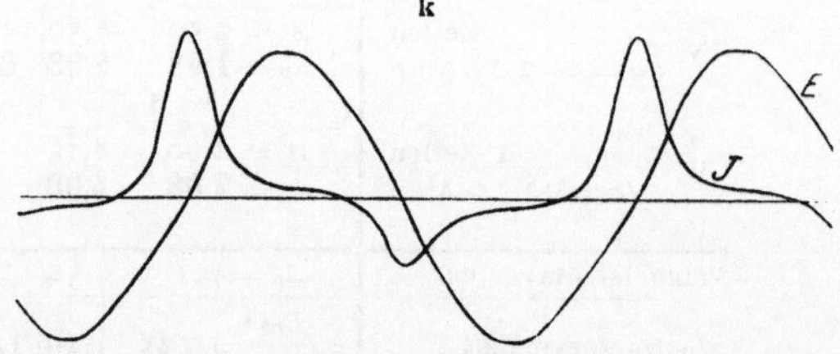

E_p eff. = 87,8 V, Jeff. = 3,05 Amp, J_G = rd. 0,5 Amp,
H_G = rd. 2,9

l

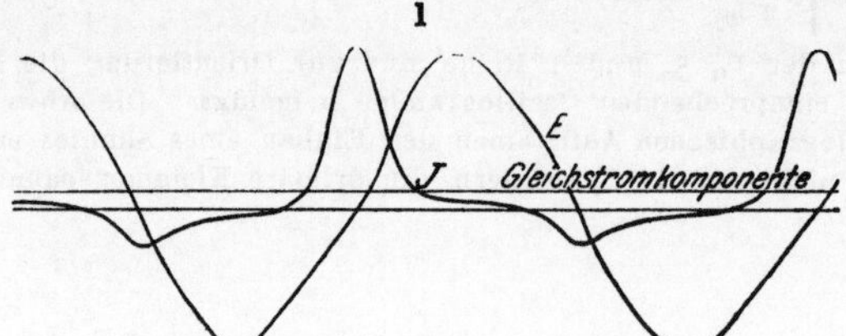

E_p eff. = 87,8 V, Jeff. = 3,95 Amp, J_G = rd. 1,3 Amp,
H_G = rd. 6,4

Abb. 18 a bis l.

im Gesamtbild äußerst schwer — wenn nicht gar unmöglich — genau festzustellen ist. Die Oszillogramme wurden lediglich aufgenommen, weil die einfache Ueberlegung kaum das Bild der zu erwartenden Kurvenzüge vermitteln kann. Die Aufnahmen zeigen, daß die Stromkurve unter dem Einfluß der Gleichstromkomponente — namentlich in der Gegend des Knies der Magnetisierungskurve — ihren Charakter vollständig ändert. Die unsymmetrische Gestalt ist bedingt durch den Verlauf der Magnetisierungskurve, die mit zunehmender Sättigung für gleiche Kraftlinienamplituden stark wachsende Stromamplituden verlangt.

Zahlentafel XIII gibt die zahlenmäßigen Werte der Versuche: die auf die Primärseite reduzierte elektromotorische Kraft E und die gesamte — im Eisen und auf der Sekundärseite — verzehrte Energie A'. Durch Abzug der für jede Spalte gleichen übrigen Verluste: der mit $\xi = 3{,}1 \cdot 10^{-7}$ Watt berechneten Wirbelstromverluste A_w und der im Spannungs- und Leistungsmesser verlorenen Energie, ergab sich der Hysteresisverlust A_h. Diese Messungen können sich nicht an Anschaulichkeit und Genauigkeit mit den ballistischen Versuchen messen. Aber sie bieten doch wertvolle Dienste, indem sie eine Nachprüfung der früheren Messungen bilden und sogar die aus diesen gewonnenen Anschauungen erweitern. Die Spalte 1, welche die Magnetisierungsprozesse mit kleinster Kraftlinienamplitude enthält und den ballistischen Versuchen nach Abb. 10 am nächsten kommt, zeigt genau die gleiche Tendenz hinsichtlich der Abhängigkeit des Hysteresisverlustes von dem absoluten Sättigungswert. Für die 5 Magnetisierungsprozesse kann man gleiche Kraftlinienamplitude ΔB voraussetzen, da die *EMK* bei fast unveränderlicher sinusförmiger Kurvenform in genau gleicher Größe gemessen wurde; die 5 Kreisprozesse unterscheiden sich lediglich durch den Absolutwert der Sättigungsbereiche, in denen sie sich abspielen. Während der erste Versuch ohne jede Gleichstromkomponente noch die völlig symmetrische Hysteresisschleife der reinen Wechselstrommagnetisierung ergibt, liegt der 5. Versuch bereits zum großen Teil oberhalb des Knies der Magnetisierungskurve. Bei sämtlichen 5 Prozessen müßte nach dem Steinmetzschen Satz

$$A_h^{\mathrm{Erg}} = V^{\mathrm{ccm}} \eta \left(\frac{\Delta B}{2}\right)^{1,6}$$

die Hysteresisarbeit, den g l e i c h e n Wert ergeben. Wir sehen aber wieder, daß ganz im Gegenteil die Arbeitsbeträge außerordentlich — bis zum dreifachen Betrage — zunehmen.

Gleichzeitig ist aber deutlich zu erkennen, daß die Unterschiede mehr und mehr verschwinden und die Hysteresisarbeitswerte der unsymmetrischen Kreisprozesse sich gemäß Steinmetz denen der symmetrischen nähern, je größer die Amplituden der Magnetisierungsprozesse werden. In Versuchsreihe 7 ($\Delta B =$ rd. 27000) erscheint das Steinmetzsche Gesetz bereits haarscharf erfüllt, bei größeren Amplituden scheint sogar mit zunehmender absoluter Sättigung eine Abnahme der Hysteresisarbeit verbunden zu sein. Auch bei der zweiten ballistischen Versuchsreihe (vergl. Abb. 8 und Zahlentafel VIII) hatte sich gezeigt, daß die bei unsymmetrischen Kreisprozessen festgestellte Abweichung von dem Steinmetzschen Gesetz mit zunehmender Amplitude geringer wurde und schließlich ganz verschwand. Wieder besteht also volle Uebereinstimmung zwischen den Ergebnissen der ganz verschiedenartigen Versuche mit Gleich- und Wechselstrom.

Wenn man es unternimmt,

die Schlußfolgerungen

aus der vorliegenden Arbeit zu ziehen, so erscheint es notwendig, auf die sehr nahe liegende Frage einzugehen, wie die Abweichungen der Steinmetzschen von den oben mitgeteilten Versuchen zu erklären sind. Selbstverständlich ist es bei fremden Arbeiten kaum möglich, einen Umstand mit Bestimmtheit als Quelle für irgend welche Erscheinungen zu bezeichnen. Doch ist es möglich, einige Punkte zu kennzeichnen, die bei einer Kritik der Steinmetzschen Versuche wohl nicht übersehen werden dürfen. Zunächst scheint Steinmetz den Einfluß der Wirbelströme unterschätzt und sie zum Teil ganz vernachlässigt zu haben. Mögen die Wirbelstromverluste vielleicht auch bei den 0,42 mm starken Blechen nicht allzugroß gewesen sein; jedenfalls können sie schon genügen, um beim Vergleich von Prozessen verschieden großen Kraftlinienintervalls Abweichungen von dem Gesetz $\frac{A_h}{V} = \eta \left(\frac{\Delta B}{2}\right)^{1,6}$ zu verdecken, indem die Hysteresisverluste bei den Prozessen größerer Kraftlinienamplitude relativ zu groß erscheinen. Fraglich erscheint es auch, ob Steinmetz immer mit genügender Genauigkeit sinusförmigen Verlauf für die *EMK* voraussetzen und die maximale Sättigung einfach aus dem Effektivwert der *EMK* berechnen durfte. Selbst unter der Annahme, daß die von ihm benutzte Maschine eine sinusförmige Klemmenspannung lieferte, wird doch die *EMK*-Kurve durch den Vorschaltwiderstand verzerrt worden sein, mit dem Steinmetz die Gleichstromkomponente reguliert hat. Dies kann zu nicht unbeträchtlichen Fehlern geführt haben, zumal auch die Ströme — ebenfalls gegen Steinmetz' Erwartung — nicht im geringsten dem Sinusgesetz folgen und außerordentlich hohe Scheitelwerte aufweisen (vergl. z. B. Abb. 18g, h, i, k). Bezüglich der mit dem Differential-Magnetometer von Eickemeyer durchgeführten Versuche muß man nach den von Steinmetz im Bilde mitgeteilten Proben zunächst vermuten, daß er hierbei kaum über das Knie der Magnetisierungskurve hinausgekommen sein dürfte, wo die oben mitgeteilten Erscheinungen besonders deutlich werden. Auch dürften die Magnetisierungsprozesse mit kleiner Amplitude, auf die augenscheinlich besonders großer Wert zu legen ist, von der bereits auf Seite 13 gekennzeichneten Ungenauigkeit des magnetometrischen Verfahrens vornehmlich beeinflußt worden sein.

Die in der vorliegenden Arbeit mitgeteilten Messungen beweisen also zunächst die Ungültigkeit des erweiterten Steinmetzschen Gesetzes: $a^{\mathrm{Erg}} = \eta \left(\frac{B_1 - B_2}{2}\right)^{1,6}$. Aus den in Abb. 10 dargestellten Versuchen geht hervor, daß magnetische Kreisprozesse gleicher Amplitude und verschiedener absoluter Induktion außerordentlich verschiedene Energiemengen verbrauchen. Dieses Ergebnis hat eine praktische Bedeutung für die Berechnung der Eisenverluste in allen Fällen, wo das Eisen nicht von reinen Gleich- oder Wechselströmen magnetisiert, sondern gleichzeitig mehreren induzierenden Einflüssen unterworfen wird. Hierher gehört z. B. die gleichzeitige Induktion durch Gleich- und Wechselstrom oder überhaupt durch Ströme verschiedener Frequenz; ferner die Induktion des im Wechselfeld rotierenden Ankers eines Wechselstrommotors, die Induktion durch Ströme, deren Pulsationen aus Grund- und Oberschwingungen zusammengesetzt sind, usw.

Die magnetischen Vorgänge im Rotor eines Wechselstrom-Reihenmotors sollen als praktisches Beispiel näher betrachtet werden. Das von der Statorwicklung erzeugte feststehende Wechselfeld kann man — wie es Ferraris für die Theorie des Einphasen-Induktionsmotors vorgeschlagen hat — in zwei unveränderliche Drehfelder zerlegen, deren jedes einzeln halb so stark ist wie das Wechselfeld im Augenblick seines Höchstwertes, und die beide — einander entgegen — synchron mit dem erregenden Wechselstrom umlaufen. Da nun — wenn vielleicht auch nicht mit absoluter Genauigkeit, so doch sicher in größter Annäherung — die Verhältnisse für »drehende« und für Wechselstrommagnetisierung gleich sind, so ergeben beide Drehfelder zusammen die Wirkung des Wechselfeldes.

Bei völlig synchronem Lauf des Motors bewegt sich der Rotor synchron mit dem einen Felde, das im gleichen Sinn umläuft. Eine Ummagnetisierung findet hierbei also nicht statt. Gegenüber dem andern Drehfeld hat jedoch der Rotor eine Schlüpfung von 200 vH. Daraus folgt »drehende Magnetisierung« des Rotoreisens mit der doppelten Frequenz des primären Wechselstromes. Es müssen sich also ganz ähnliche magnetische Vorgänge abspielen wie bei den in Zahlentafel XIII wiedergegebenen Versuchen mit kombinierter Gleich- und Wechselstrommagnetisierung. Das erstere (synchrone) Drehfeld entspricht der früher durch Gleichstrom erzeugten »Grundsättigung«, über die sich unter dem Einflusse des entgegengesetzt umlaufenden zweiten Feldes Pulsationen wie bei Wechselstrommagnetisierung lagern.

Sobald der Motor nicht synchron läuft, besitzt die »Grundsättigung« keinen festen Wert mehr, vielmehr wird der Rotor dann auch durch das erste Drehfeld zyklischen Magnetisierungsprozessen — und zwar mit der Frequenz der Schlüpfung — unterworfen. Abb. 19 zeigt für einen solchen Fall schematisch die

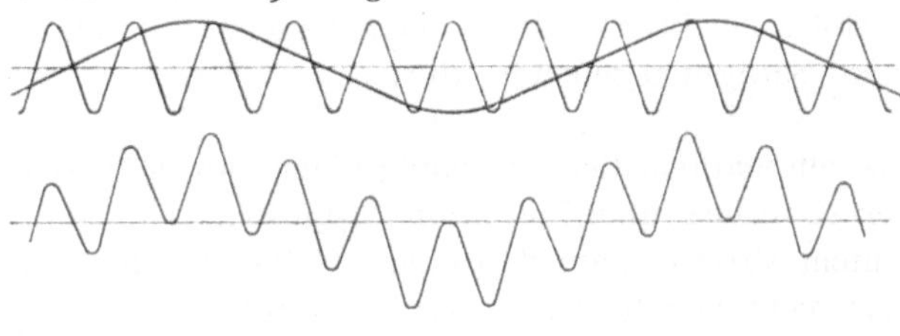

Abb. 19.

Uebereinanderlagerung der beiden Felder. Die Pulsationen ergeben zyklische Prozesse, wie sie oben mit besonderer Rücksicht auf die Ummagnetisierungsverluste näher untersucht worden sind.

Darüber hinaus gewinnen die Ergebnisse aber theoretische Bedeutung, wenn wir sie vom Standpunkt der Molekular-Theorie betrachten. Im Gegensatz zu Magnetisierungsprozessen unterhalb des ersten Knies der Magnetisierungskurve, die fast ohne Energieverluste umkehrbar sind, müssen magnetische Prozesse bei höheren Induktionen nach Ewing erhebliche Energiebeträge erfordern, und zwar scheinen diese Beträge für Zyklen gleicher Amplitude (vgl. Abb. 10) zunächst langsam zuzunehmen in dem Maße, wie die Molekülketten bei absolut höheren Induktionen mehr und mehr gesprengt werden; in dem Sättigungsgebiet aber, wo schon der scharfe Bogen in der Magnetisierungskurve bedeutsame Veränderungen im Gefüge des Materials erkennen läßt, steigen die Ummagnetisierungsverluste in starker Progression. Es ist vielleicht zweckmäßig, von einer »spezifischen Ummagnetisierungsarbeit« für jeden magnetischen Sättigungsgrad in dem Sinne zu sprechen, daß diese Arbeit die Energievergeudung bei einem Kreisprozesse mit einer Einheitsamplitude darstellt und ein Charakteristikum für das molekulare Gefüge des Materials in der betreffenden Zone bedeutet. Ueber das Verhalten des Materials in noch höheren Sättigungsgebieten jenseits des zweiten magnetischen Knies gibt diese Versuchsreihe keinen Aufschluß, vielleicht aber die Versuchsreihen in Zahlentafel XIII. Auch hier sehen wir innerhalb der ersten Reihen (1 bis 6), daß die bei der Ummagnetisierung vergeudete Energie für Kreisprozesse gleicher Amplitude mit der absoluten Größe der Induktion zunimmt. Es ist aber auch deutlich erkennbar, daß diese Unterschiede mit der Vergrößerung der Magnetisierungsamplitude mehr und mehr verschwinden. Je mehr sich die Flächen der einzelnen Kreisprozesse überdecken, um so weniger tritt das in den verschiedenen Induktionszonen beobachtete spezifische Verhalten des Materials hervor. Es können also z. B. die Schleifen (aus einer der Reihen 3 bis 6), die sich zwar in den absoluten Sättigungswerten noch von einander unterscheiden, aber so große Amplituden besitzen, daß sie doch sämtlich das obere Knie der Magnetisierungskurve mit der an dieser Stelle beobachteten großen Energievergeudung umfassen, schließlich keine großen Unterschiede in der Hysteresisarbeit aufweisen. Auffallend ist aber die Erscheinung, daß in den 3 letzten Reihen (8 bis 10), wo die Schleifen einen Sättigungsbereich von ungefähr 30000 Kraftlinien/qcm umfassen und sich in ihrem größten Teil decken, die Kreisprozesse mit absolut höheren Induktionswerten eine Abnahme der Hysteresisarbeit aufweisen. Dies läßt mit Sicherheit darauf schließen, daß bei sehr hohen Induktionen die »spezifische Ummagnetisierungsarbeit« (in dem oben definierten Sinne) wieder abnimmt, auch im Einklang mit der Molekulartheorie. Erinnert man sich ferner der von mehreren Forschern (z. B. von Rayleight und Roeßler) einwandfrei nachgewiesenen Tatsache, daß unterhalb des ersten magnetischen Knies bei schwachen Induktionen die Hysteresisarbeiten sehr klein werden, so erkennt man, daß die von Ewing aus der Molekulartheorie abgeleiteten Gesetze für den Hysteresisverlust in den einzelnen Sättigungsgebieten durch die Versuche nunmehr voll bestätigt sind.

Nachdem so ein mathematisch vorläufig nicht festzulegender Zusammenhang zwischen Hysteresisverlust und Induktion festgestellt ist, kann man sich der Ueberzeugung nicht verschließen, daß eine so einfache Beziehung wie das von Steinmetz für symmetrische Kreisprozesse aufgestellte Gesetz

$$a^{\mathrm{Erg}} = \eta\, B_{\max}{}^{1,6}$$

nur in beschränktem Umfang und nur für einen Sättigungsbereich gelten kann, wo sich die »spezifische Ummagnetisierungsarbeit« nicht wesentlich oder doch wenigstens stetig mit der Induktion ändert, d. h. in dem für die Praxis wichtigen Teil der Magnetisierungskurve zwischen dem ersten und zweiten Knie. Immerhin stimmt bei symmetrischen Magnetisierungsprozessen, wie ja auch die oben mitgeteilten Versuche (Zahlentafel V) zeigen, die Steinmetzsche Beziehung auch noch in weiteren Grenzen mit praktisch meist genügender Annäherung, weil der Energiezuwachs in den höheren Sättigungsgebieten im Verhältnis zu dem allen Prozessen gemeinsamen großen Energiebetrag bei mittlerer Induktion nicht sehr groß ist.

Der Umstand aber, daß überhaupt die verschiedensten Stoffe für einen großen Bereich mit großer Annäherung einem Gesetz wie dem Steinmetzschen folgen, läßt doch schließen, daß die Magnetisierungsvorgänge bestimmten mathematischen Gesetzen folgen müssen. Da die obigen Versuche gezeigt haben, daß der Hysteresisverlust nicht nur von der Induktionsamplitude, sondern wesentlich auch von der absoluten Größe der Induktion abhängt, in deren Bereich der magnetische Prozeß sich vollzieht, so ist zu erwarten, daß man den allgemeinen Gesetzen für die Magnetisierung und Hysteresis näher kommt, wenn man statt der bisher fast ausschließlich beobachteten symmetrischen die unsymmetrischen Kreisprozesse zum Gegenstand eingehender Untersuchung macht.

Additional Material from *Forschungsarbeiten auf dem Gebiete des Ingenieurwesens,* ISBN 978-3-662-01698-5, is available at http://extras.springer.com

Versuche über die Druckänderungen in der Rohrleitung einer Francis-Turbinenanlage bei Belastungsänderungen.

Von Prof. Dr. **A. Watzinger,** Drontheim, und Ingenieur **Oscar Nissen,** Kristiania.

Bei Wasserkraftanlagen ruft das strömende Wasser in längeren Rohrleitungen gefährliche Stöße hervor, wenn die Leistung des Kraftwerkes plötzliche Veränderungen erfährt. Ohne genaue Kenntnis der Art und Erscheinungsform dieser Stöße hat man bereits seit längerer Zeit versucht, ihre Wucht durch Steigrohre, Schwingdüsen, Druckregler, Sicherheitsventile und dergl. zu dämpfen. Aber erst der in den letzten Jahren in Angriff genommene Ausbau von Kraftanlagen mit großen Fallhöhen, langen Rohrleitungen und größeren Wassergeschwindigkeiten hat diesen Erscheinungen eine mehr allgemeine Bedeutung gegeben. So entstanden mehrere Theorien über die Druckänderungen in Turbinenrohren, unter denen die Abhandlung von L. Alliévi: »Teoria generale del moto perturbato dell' acqua nei tubi in pressione« eine erschöpfende Darstellung der Vorgänge bietet[1]). Eingehendere auf Versuchen

Abb. 1 und 2. Rohrleitungsanlage Eivindsvand-Haugesund. Maßstab 1 : 16000.

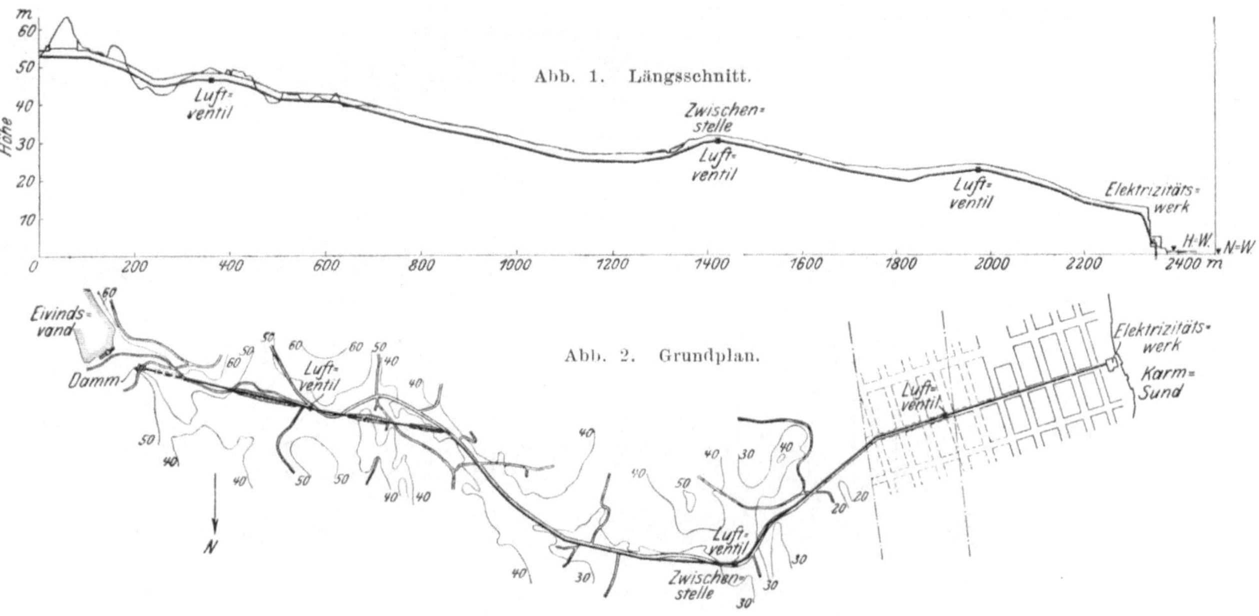

[1]) Die im Jahre 1903 in den »Annali della Società degli Ingeneri ed Architetti erschienene Abhandlung ist durch eine erweiterte Uebersetzung von R. Dubs in deutscher Sprache allgemein zugänglich gemacht. (Ueber die veränderliche Bewegung des Wassers in Rohrleitungen Berlin 1910, Julius Springer.)

beruhende Untersuchungen über die Regelungsvorgänge und Druckänderungen in Rohrleitungen sind dagegen nicht veröffentlicht. Es mögen daher im folgenden einige Versuche mitgeteilt werden, die im Dezember 1910 in dem Städtischen Elektrizitätswerk in Haugesund (West-Norwegen) ausgeführt worden sind.

Beschreibung der Anlage.

Die Länge der Rohrleitung, 2400 m, in Verbindung mit dem geringen Gefälle, 57 m, machte die Anlage in Haugesund für eine solche Untersuchung besonders geeignet, da bei Belastungsänderungen in der Rohrleitung im Verhältnis zum hydrostatischen Druck große Druckänderungen auftreten und gleichzeitig die Druckwellen eine verhältnismäßig große Amplitude haben.

Abb. 1 und 2 geben einen Lageplan der untersuchten Rohrleitungsanlage. Das Oberwasser bildet ein vom Elektrizitätswerk etwa $2^1/_2$ km entfernter See,

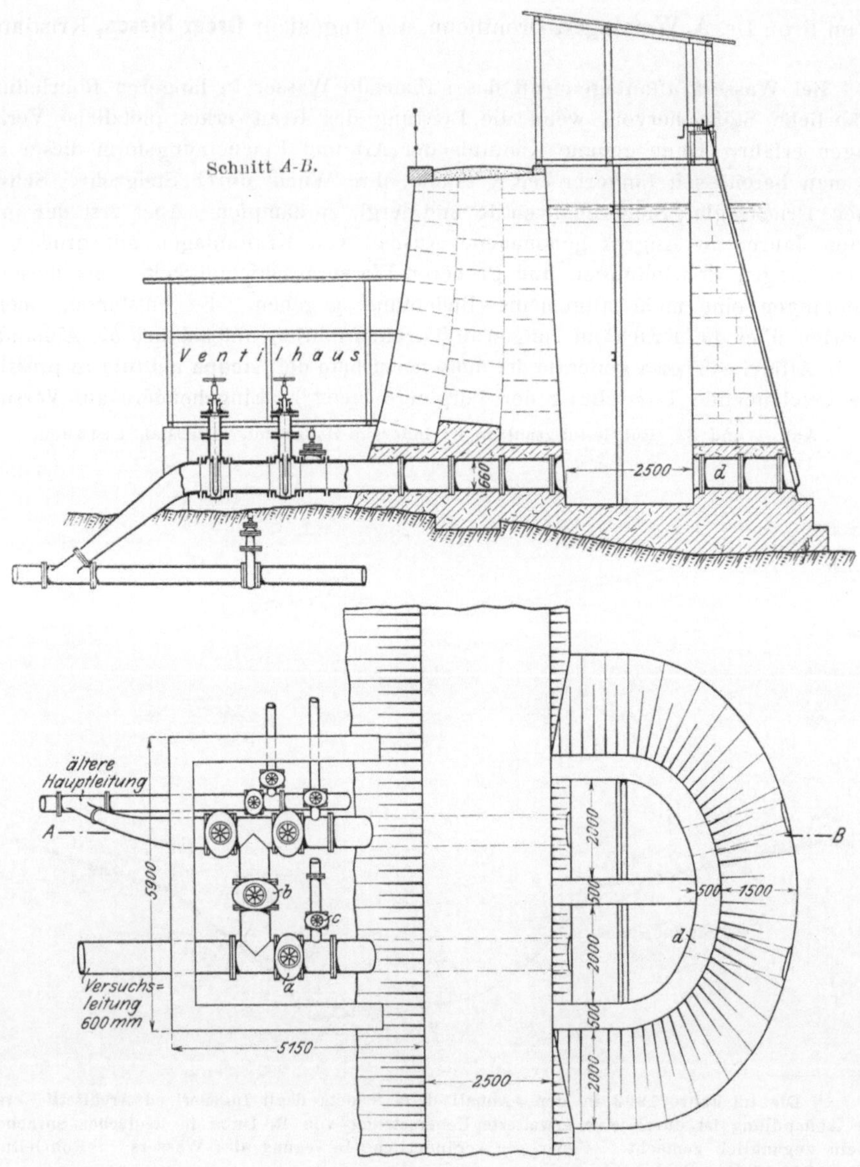

Abb. 3 und 4. Damm- und Verteilanlage bei Eivindsvand. Maßstab 1 : 150.

Eivindsvand. Eine ältere Leitung von 300 mm Dmr. dient ausschließlich zur Wasserversorgung der Stadt, während die Versuchsleitung an eine im Elektrizitätswerk aufgestellte Francis-Turbine angeschlossen werden kann, die den für die Wasserversorgung der Stadt nicht erforderlichen Ueberschuß an Wasser nutzbar macht. Abb. 3 und 4 zeigen Damm- und Verteilanlage bei Eivindsvand. Während der Versuche war Ventil a offen, b und c geschlossen.

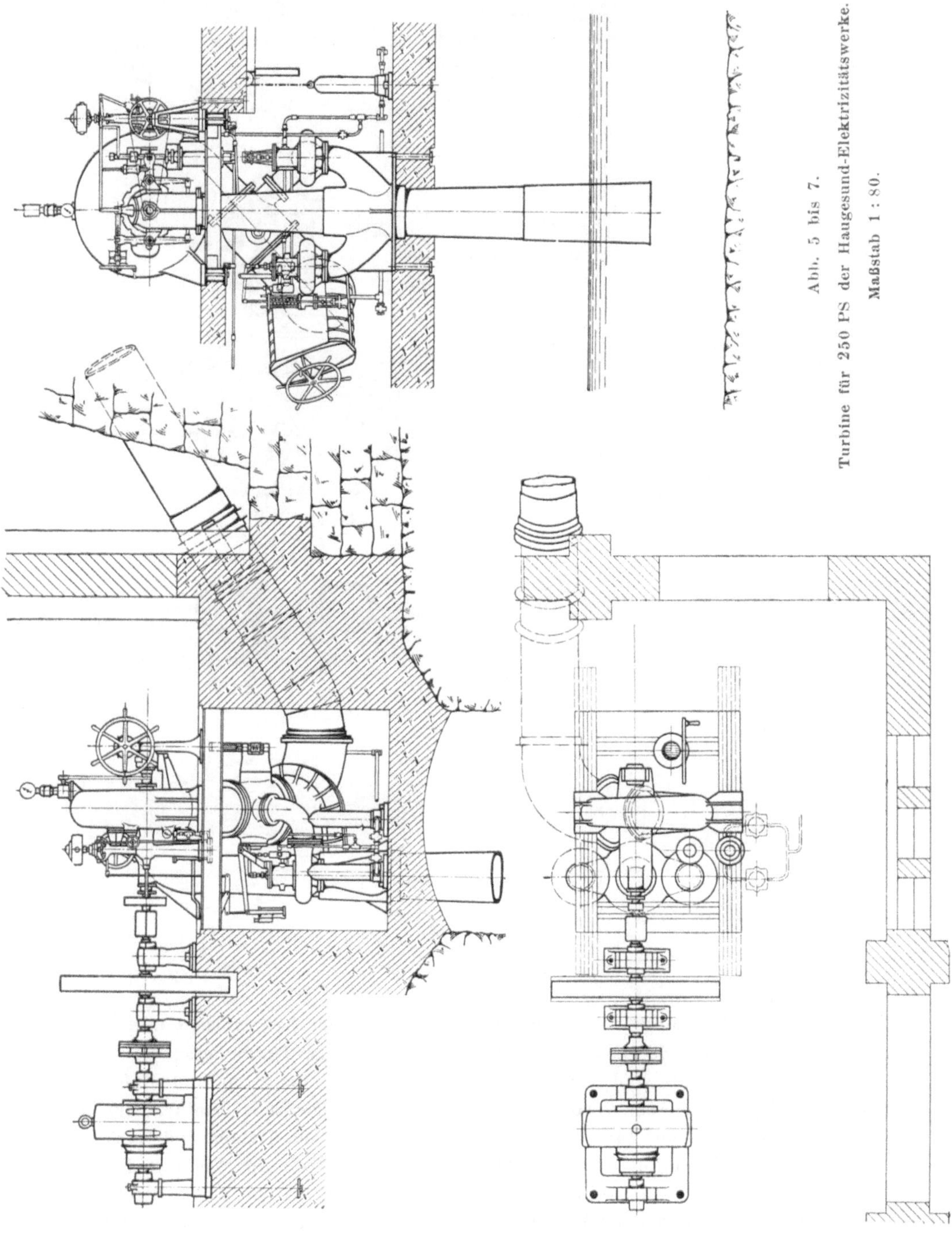

Abb. 5 bis 7.
Turbine für 250 PS der Haugesund-Elektrizitätswerke.
Maßstab 1 : 80.

Abb. 8 und 9. Turbinenregelung mit Druck-

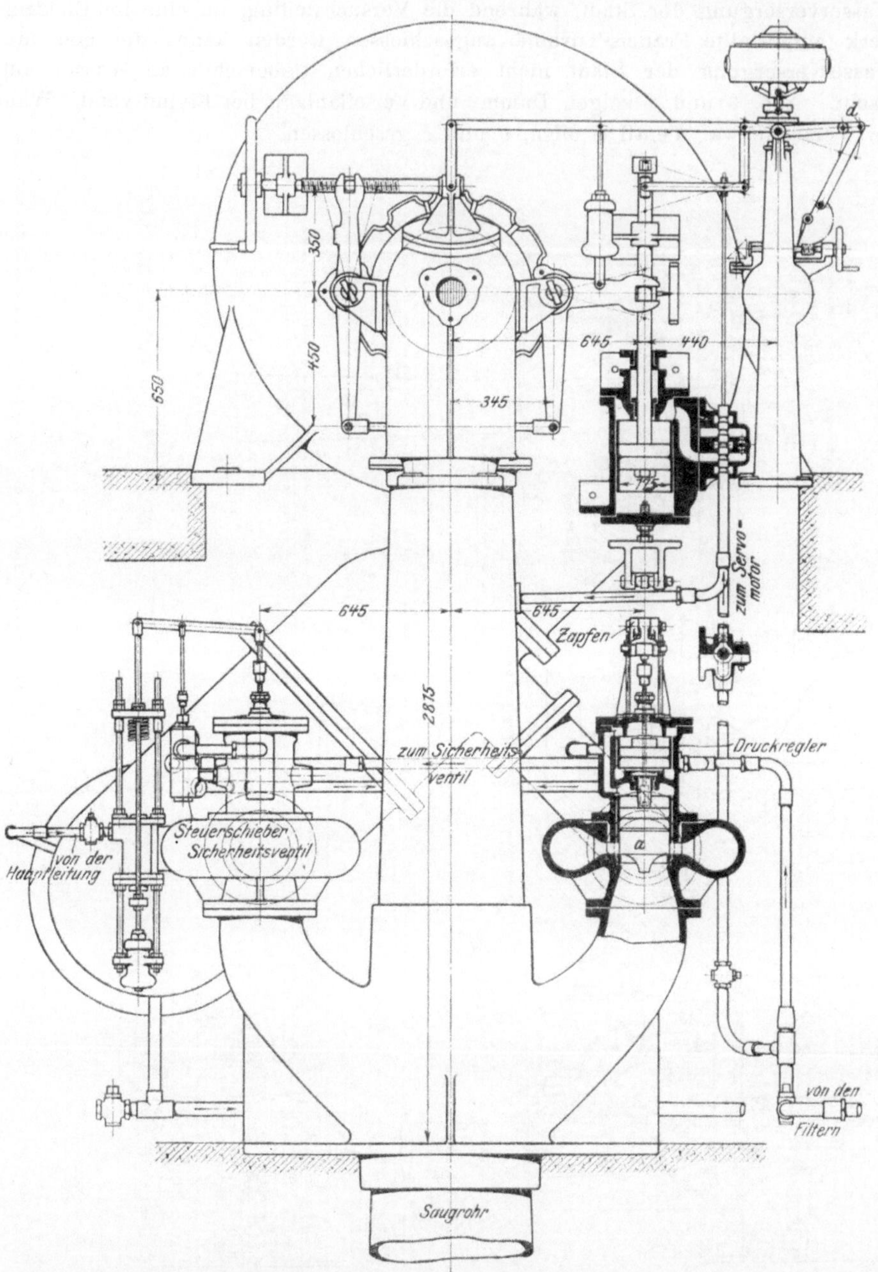

Die Versuchsleitung ist auf die ganze Länge in der Erde verlegt und besteht aus 3,56 m langen gußeisernen Rohren von 600 mm innerem Durchmesser und 24 mm Wandstärke. Die Rohre sind durch Verstärkungsringe, Bleipackung und Muffen von 800 mm Außendurchmesser verbunden. An den drei höchsten Punkten der gußeisernen Leitung in 360, 1420 und 1970 m Entfernung vom Damm sind Luftventile — normale Brand-Ventile — eingebaut. Der unterste Teil der Leitung dicht vor dem Kraftwerk (rd. 37 m) besteht aus genieteten Stahlplatten von 6 mm Blechstärke.

Abb. 5 bis 7 zeigen die Einmündung der Rohrleitung in das Kraftwerk und die Gesamtanordnung der Turbinenanlage mit Generator. Der aus dem Felsen ge-

regler und Sicherheitsgetriebe. Maßstab 1 : 25.

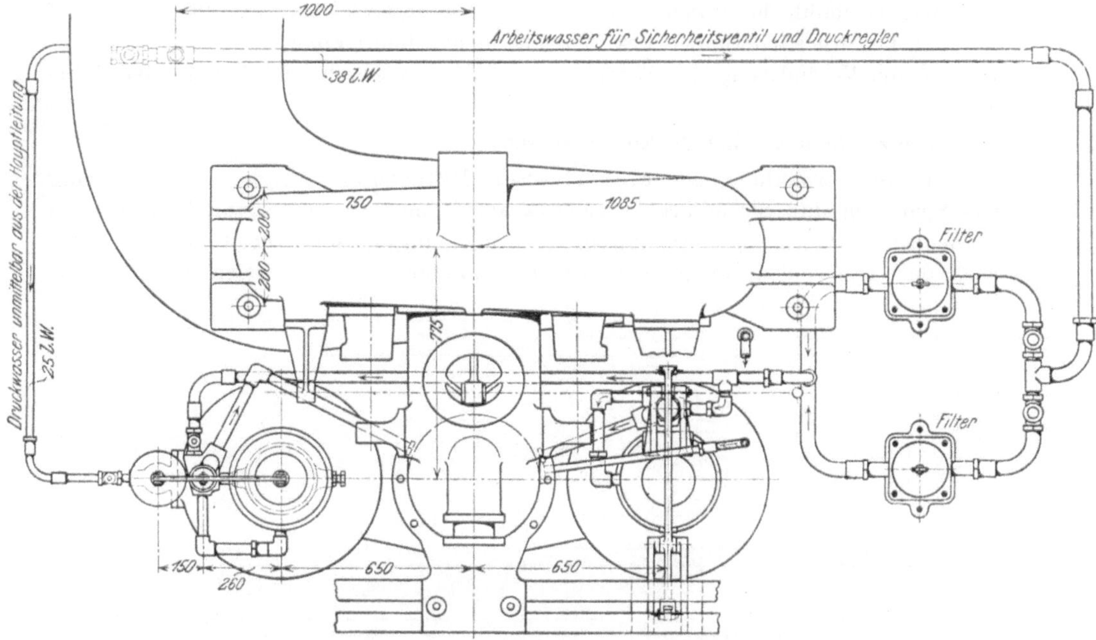

sprengte Unterkanal mündet einige Meter unterhalb des Kraftwerkes in den Karmsund (Smedesund).

Die von der A.-G. Thunes Mekaniske Verksted in Kristiania gebaute Spiralturbine dient zum Antrieb eines Verbund-Gleichstromgenerators mit Hülfspolen der Siemens-Schuckert Werke von 500 V und 330 Amp bei 750 Uml./min. Die Turbine, Abb. 8 und 9, hat 520 mm Laufraddurchmesser und zwölf 60 mm hohe Leitschaufeln mit einer größten Eröffnung von 58 mm. Die Drehschaufeln werden in üblicher Weise durch einen Hartung-Regler und einen Servomotor mit Druckwasser aus der Hauptleitung geregelt. Die Umlaufzahl kann durch Verlegen des Drehpunktes d des Regler-Stellhebels mittels Handrades für jede Belastung in gleicher Höhe eingestellt werden. Mit dem Regelgetriebe in mittelbarer Verbindung steht der Druckregler, der bei größeren und raschen Geschwindigkeitsänderungen das Ventil a anhebt und hierdurch, wenn die Turbine rasch schließt, die zusammengepreßten Wassermassen der Druckleitung an der Turbine vorüber in die Saugleitung führt.

Zur weiteren Erhöhung der Betriebsicherheit dient das symmetrisch zum Druckregler eingebaute Sicherheitsventil, dessen Hubkolben in Wirksamkeit tritt, wenn der Druck in der Rohrleitung trotz Eingreifens des Druckreglers zu hoch ansteigt.

Das Schwungmoment der Turbine mit Schwungrad und Generator beträgt rd. $GD^2 = 4050$ kgm² und verteilt sich auf die bewegten Massen mit 3800 kgm² für das Schwungrad, je 20 kgm² für Laufrad und Bandkupplung und rd. 210 kgm² für den Generatoranker.

Die Versuchseinrichtungen.

Durch selbstaufschreibende Vorrichtungen mit elektromagnetischen Zeitkontakten wurden folgende Größen bei den Entlastungsversuchen aufgezeichnet:

1) die elektrische Belastung,

2) die Schwankungen der Umlaufzahl der Turbine,

3) die Bewegung der Regelgestänge, aus der sich die Aenderung der Leitschaufelquerschnitte berechnet,

4) die Druckänderungen des Wassers in der Rohrleitung,

5) die Veränderung der Wassermenge und der Geschwindigkeit in der Rohrleitung.

Hierzu dienten folgende Einrichtungen:

1) Die Ermittlung der elektrischen Belastung erfolgte durch Messung von Spannung und Stromstärke vermittels aufzeichnender Geräte von Dr. Th. Horn in Leipzig-Großzschocher. Die Strom- und Spannungsmesser, Abb. 10 und 11, sind nach dem Drehspulenprinzip Deprez-d'Arsonval für ein Meßbereich von 300 bis

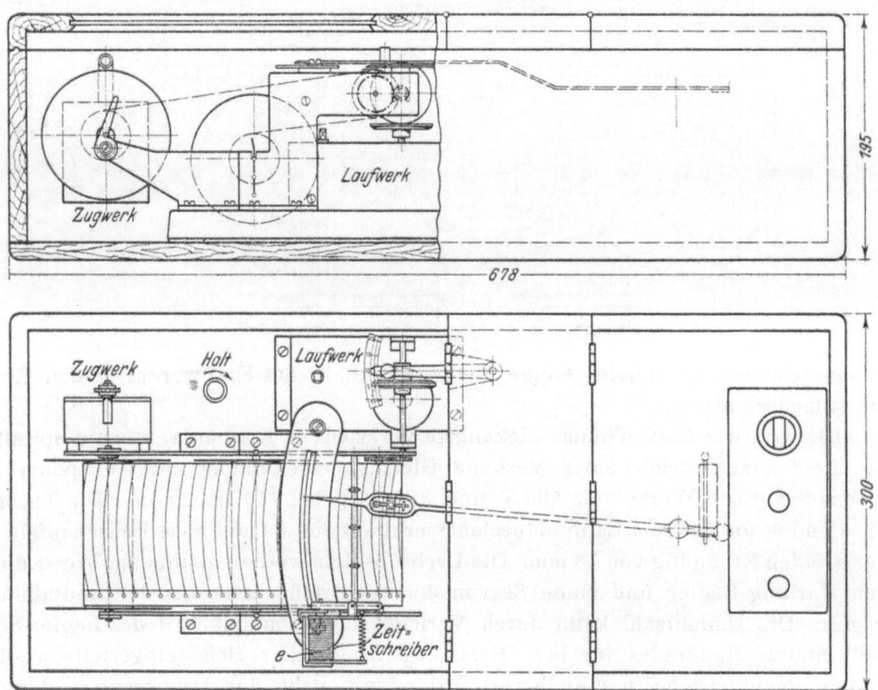

Abb. 10 und 11. Selbstaufzeichnender Strom- und Spannungsmesser. Maßstab 1 : 6.

600 V und von 0 bis 350 Amp gebaut. Um bei der hohen Papiergeschwindigkeit von 2 bis 12 mm/sk eine rasche Einstellung der Zeiger zu ermöglichen, wurde das Magnetsystem mit dem 16 fachen Zeigerdrehmoment normaler Schreiber ausgeführt. Mit Wirbelstromdämpfung in der Spule und Luftdämpfung wird eine scharfe und aperiodische Zeigereinstellung erzielt. Das 115 mm breite Papierband wird durch eine an der Auflaufrolle angeordnete Feder (Zugwerk) gespannt. Reibrollen im Uhrwerkantrieb ermöglichen 12 verschiedene Papiergeschwindigkeiten. Die kleinen Elekromagnete *e* zeichnen die Zeitkontakte auf. Sämtliche Schreiber sind geschlossene Flüssigkeitsschreiber.

2) Die Schwankungen der Umlaufzahl der Turbine wurden mittels des Hornschen Tachographen, Abb. 12, aufgenommen. Das Papierband wird durch ein von der Tachographenwelle ungleich angetriebenes, aber mit gleichförmiger Geschwindigkeit ablaufendes Regelwerk abgezogen, mit dem das Werk für die Papierbewegung durch Rollscheiben in Verbindung steht, deren Verstellung für Vor- und Rückwärtslauf Papiergeschwindigkeiten zwischen 1 und 20 mm/sk in 6 Ab-

stufungen ermöglicht. In die Vorrichtung ist außer dem Elektromagneten *e* zur Aufnahme der Zeitkontakte noch ein zweiter Schreiber mit Zugfeder eingebaut, der die Bewegung der Reglermuffe auf das Papierband des Tachographen aufzeichnen soll.

3) Die Bewegung des Regelgestänges der Turbine. Zur Ermittlung der Leitschaufelöffnung wurde die Bewegung des Steuerkolbens durch einen an der Kolbenstange befestigten Flüssigkeitsschreiber auf das Papierband einer Holztrommel von 24 cm Dmr. und 29 cm Höhe aufgeschrieben. Die Trommel wurde durch ein Grammophonwerk und eine Schnur mit rd. 18 mm/sk Papiergeschwindigkeit angetrieben.

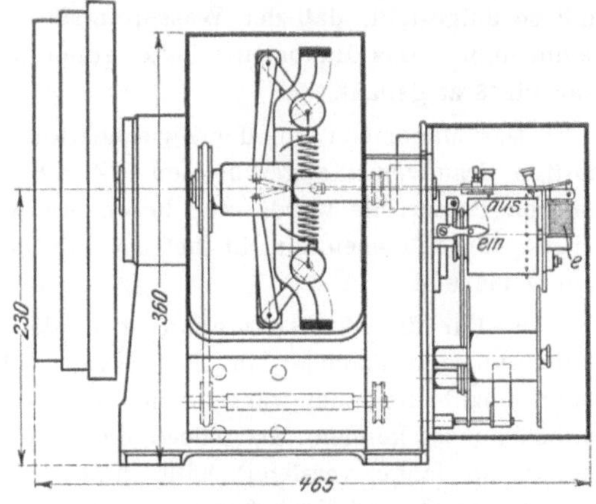

Abb. 12. Hornscher Tachograph. Maßstab 1 : 7,5.

4) Zur Aufnahme der Druckschwankungen in der Rohrleitung dienten aufzeichnende Manometer von Schäffer & Budenberg in Magdeburg-Buckau, Abb. 13, mit offenen Flüssigkeitsschreibern an dem 26 cm langen Zeigerarme. Die Auflaufrolle *a* des Papierbandes wird mittels Schnecken- und Zahnradgetriebes durch Gleichstrommotor angetrieben. Die Papiergeschwindigkeit betrug ursprünglich, je nach Einstellung des Uebersetzungsverhältnisses, 0,5 und 1 mm/sk und wurde durch Umbau des Rädergetriebes (in Haugesund) auf 2 bis 2,5 mm/sk erhöht.

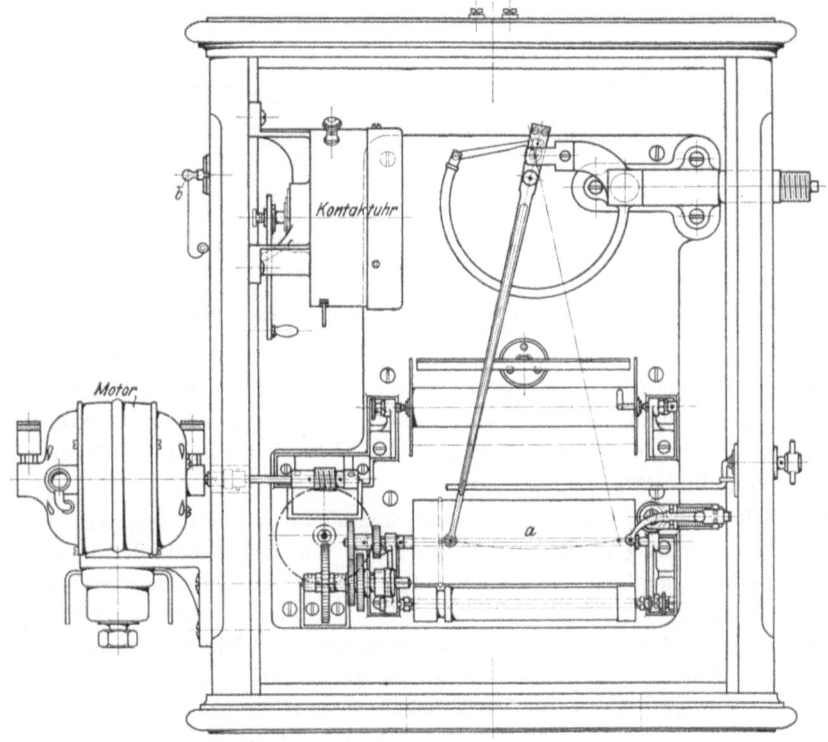

Abb. 13. Aufzeichnendes Manometer mit Elektromotor und Kontaktuhr. Maßstab 1 : 5.

Da die Druckschwankungen sich mit abnehmender Stärke von der Turbine aus längs der ganzen Rohrleitung fortpflanzen, war es erwünscht, die Druckmessungen an mehreren Stellen der Rohrleitung auszuführen. Als Meßstellen wurden gewählt: eine Anbohrung im Turbinendruckrohr unmittelbar vor Eintritt in das Spiralgehäuse und das ungefähr in der Mitte der Leitung angeschlossene Luftventil (bei 1470 m, in Abb. 1 und 2, »Zwischenstelle«).

Das Manometer vor der Turbine wurde mit einem Kupferrohr angeschlossen und so aufgestellt, daß der Wassereintritt in das Manometer mit Turbinenmitte zusammenfiel. Das Manometer hatte einen hydrostatischen Druck von 52,9 m und war für 8 at gebaut.

Das Manometer in der Zwischenstelle wurde durch ein Kupferrohr an das dortige Brandventil angeschlossen. Zur Speisung des Motors für den Antrieb der unteren Papierrolle wurde eine besondere Kraftleitung verlegt. Der hydrostatische Druck für Manometereintritt betrug 25,8 m. Das Manometer hat ein Meßbereich von 0 bis 6 at.

5) Für die Wassermessung in der Rohrleitung war ursprünglich geplant, hinter der Ventilkammer in Eivindsvand einen Venturi-Messer mit Druckaufzeichnung einzubauen, um während der Versuche die Veränderung der Wassermengen aufnehmen zu können. Da jedoch die Lieferzeit des Venturi-Messers den Versuchsbeginn zu lange verzögert hätte und der Einbau örtlichen Schwierigkeiten begegnete, wurde auf die Aufzeichnung der Wassermengen verzichtet und die Messung mit Woltmann-Flügel vorgenommen. Der von A. Ott in Kempten im Allgäu gelieferte Flügel, Bauart Escher, wurde bei *d*, Abb. 3, in die äußere Einlaufkammer eingebaut und konnte auf einer Stange in fünf verschiedenen Lagen, s. Abb. 14, eingestellt werden. Die mittlere Wassergeschwindigkeit wurde aus den Beobachtungswerten unter Einführung der zugehörigen halbringförmigen Querschnitte berechnet.

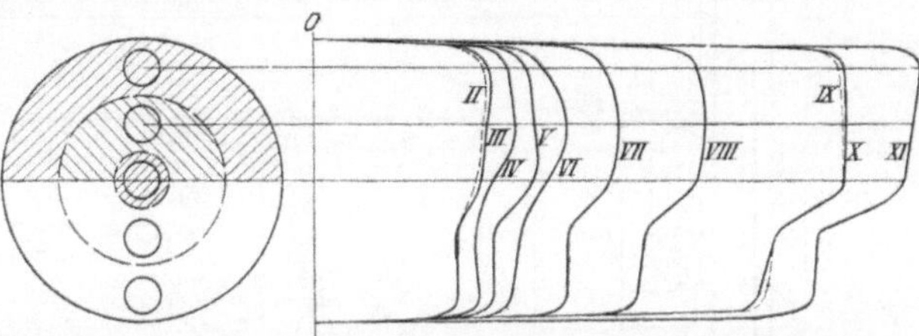

Abb. 14. Verteilung der Wassergeschwindigkeit über den Rohrquerschnitt bei Versuch II bis XI.

Die elektrischen Meßgeräte wurden während der Versuche durch Präzisionsinstrumente nachgeprüft. Die beiden Manometer wurden eine Woche später an einem Manometerprüfapparat mit Quecksilbersäule im Maschinenlaboratorium der technischen Hochschule in Trondhjem geeicht. Die Eichung des Woltmann-Flügels hatte die liefernde Firma übernommen.

Die Zeitkontakte wurden durch eine Sekundenkontaktuhr gegeben, welche in dem im Kraftwerk aufgestellten aufzeichnenden Manometer seitlich eingebaut war. Die Zeitschreiber sämtlicher aufzeichnender Geräte wurden mit der Kontaktuhr durch eine Leitung vom Kraftwerk zur Zwischenstelle in Reihe geschaltet. Die im Boden liegende Rohrleitung diente als Rückleitung. Die Kontaktleitung konnte durch Herausnehmen eines Stöpsels *b* an der Seitenwand des Manometers, Abb. 13, unterbrochen werden. Es waren 21 Trockenelemente erforderlich, um alle Schreiber zur Wirkung zu bringen. Eivindsvand, Werk und Zwischenstelle wurden durch Telephon verbunden.

Versuchsausführung und Ergebnisse.

Die Versuche wurden in der Zeit vom 25. November bis 1. Dezember 1910 vorbereitet und am 2. und 3. Dezember ausgeführt. Sie zerfallen in zwei Gruppen:

1) Wassermeßversuche bei gleichbleibender Belastung mit Aufnahme der elektrischen Leistung, der Wasserführung in der Rohrleitung und der Stellung des Regelgestänges. Diese Messungen wurden für 11 verschiedene Belastungen vom Leerlauf bis zur größten Leistung durchgeführt (Zahlentafel 1).

2) Regelversuche für verschiedene Belastungen der Turbine bei Entlastung auf Leerlauf (Zahlentafel 2). Bei den Regelversuchen (1 bis 7) für Belastungen von 9,7 bis 146 KW arbeitete die Regelung in der normalen Anordnung des Be-

Zahlentafel 1 und 2.

Versuche an der Francis-Turbinenanlage in Haugesund am 2. und 3. Dezember 1910.

Versuchs- Nr.	Versuchs- Tag	Zeit	Wassermenge cbm/sk	Dmr. des Servomotorkolbens mm	elektrische Leistung KW	Schaufelöffnung mm	Schaufelöffnung qcm
			Wassermessungen.				
I	2. Dez.	3^{30}	0,128	—	Leerlauf	—	—
II	3. »	12^{00}	0,131	rd. 6,0	Leerlauf mit Erregung	1,6	0,96
III	3. »	11^{00}	0,133	rd. 6,0	Leerlauf mit Erregung	1,6	0,96
IV	3. »	1^{00}	0,151	11,5	9,7	3,2	1,92
V	3. »	2^{30}	0,167	16,0*	17,2	4,4	2,64
VI	3. »	4^{15}	0,184	20,6*	26,1	—	—
VII	2. »	11^{10}	0,239	33,0	49,0	10,1	6,0
VIII	2. »	1^{30}	0,298	53,0	81,7	16,6	10,0
IX	2. »	2^{00}	0,409	82,8	129,9	27,2	16,3
X	2. »	4^{30}	0,410	84,5*	131,0	27,6	17,1
XI	2. »	2^{30}	0,463	95,5	146,0	32,0	19,2
			Regelversuche. Belastungen vor dem Abschlag.				
			mit Druckregler				
1	3. Dez.	1^{15}	0,151	11,5	9,7	3,2	—
2	3. »	2^{45}	0,161*	14,4	15,5	4,0	—
3	3. »	3^{25}	0,177*	17,9	23,9	5,1	—
4	2. »	12^{15}	0,227*	32,3	48,3	9,9	—
5	2. »	11^{15}	0,230*	33,0	48,7	10,1	—
6	2. »	4^{45}	0,386*	78,3	121,5*	25,8	—
7	2. »	2^{30}	0,463	95,5	146,0	32,0	—
			ohne Druckregler				
8	3. »	5^{05}	0,150*	11,0	9,6*	3,1	—
9	3. »	5^{35}	0,185*	21,5	28,2	6,2	—
10	3. »	5^{50}	0,267*	32,3	48,3	9,9	—

Die mit * bezeichneten Werte sind den aus den Beobachtungswerten aufgezeichneten Kurven entnommen.

triebes mit eingeschaltetem Druckregler und Sicherheitsventil. In drei weiteren Versuchen (8 bis 10) für Belastungen von 9,6 bis 48,3 KW war der Druckregler ausgeschaltet. Die größeren Belastungen wurden durch wassergekühlten Drahtwiderstand, die kleineren durch Wasserwiderstand erzeugt.

Die Verteilung der Wassergeschwindigkeit im Meßquerschnitt d der Dammanlage, s. Abb. 3, zeigt Abb. 14 für die Versuche II bis XI. Die Wasserströmung ist infolge der Strömungsverhältnisse in der oberen Querschnitthälfte größer als in der unteren. Die Verschiebung nimmt mit der Wassermenge zu.

Der Druck des Wassers vor der Turbine und an der Zwischenstelle (Zahlentafel 3) nimmt gegenüber dem hydrostatischen Drucke des Ruhezustandes von 52,9 und 25,8 m mit zunehmender Wasserführung ab, infolge der Zunahme der Reibungsverluste mit wachsender Geschwindigkeit. Die beobachteten Druckverluste sind der Leitungslänge genau, dem Quadrate der Geschwindigkeit annähernd proportional, Abb. 15. Wird der Leitungswiderstand w in m Wassersäule diesen Größen proportional und dem Durchmesser umgekehrt proportional gesetzt:

Zahlentafel 3. Wasserdrücke in der Rohrleitung.

Versuch Nr.	Wassermenge cbm/sk	Druck vor der Turbine at	Druck an der Zwischenstelle at
II/III	0,132	5,26	2,57
1	0,151	5,21	2,56
2	0,161	5,20	2,56
3	0,177	5,20	2,56
4	0,227	5,11	2,50
6	0,386	4,70	2,24
7	0,463	4,50	2,11
8	0,150	5,26	2,56
9	0,185	5,19	2,56
10	0,227	5,14	2,55
—	0,0	rd. 5,29	rd. 2,58

$$w = \lambda \frac{l^m}{\delta^m}\left(\frac{v^2}{2g}\right),$$

so ist für die untersuchte Leitung der Widerstandskoeffizient λ im Mittel 0,025. Diese Zahl stimmt gut mit dem nach Lang zu erwartenden Werte überein (vergl. »Hütte« [20. Auflage] Bd. 1 S. 271 bis 273), während sich aus den älteren Formeln von Weisbach und Darcy etwas geringere Druckhöhenverluste berechnen ($\lambda = 0{,}023$ und 0,021).

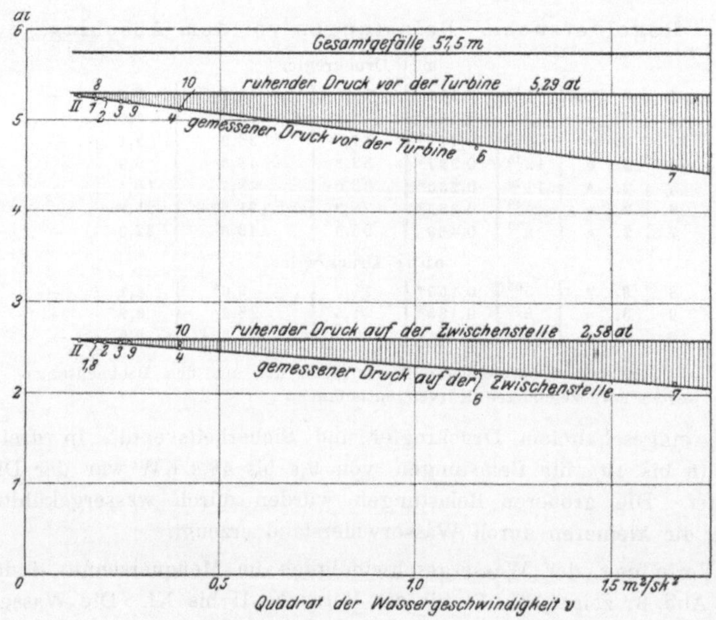

Abb. 15. Wasserdrücke in der Rohrleitung und Druckverluste, bezogen auf das Quadrat der Wassergeschwindigkeit.

Den Zusammenhang zwischen Wasserführung, elektrischer Belastung und Bewegung des Regelgestänges kennzeichnen die Abb. 16 und 17. Abb. 16 gibt die Stellung des Servomotorkolbens für verschiedene Belastungen sowie den konstruktiven Zusammenhang zwischen Schaufeleröffnung und Kolbenstellung. Abb. 17 zeigt

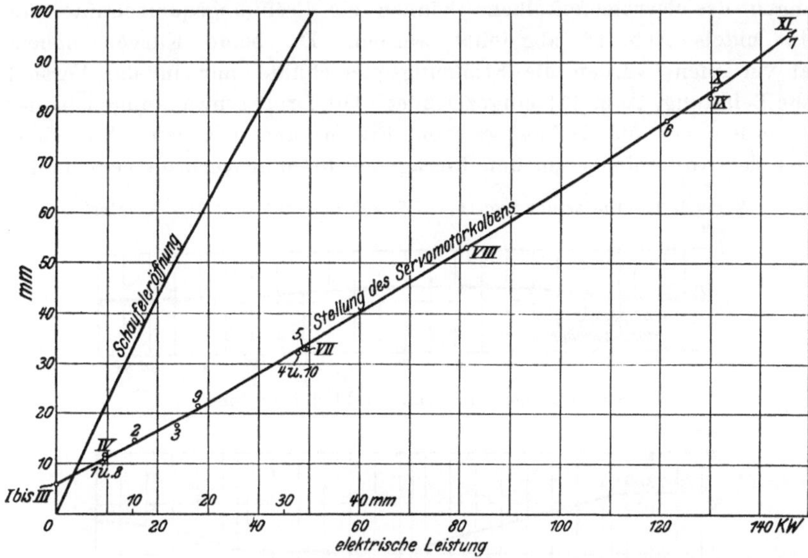

Abb. 16. Stellung des Servomotorkolbens, bezogen auf die elektrische Leistung.

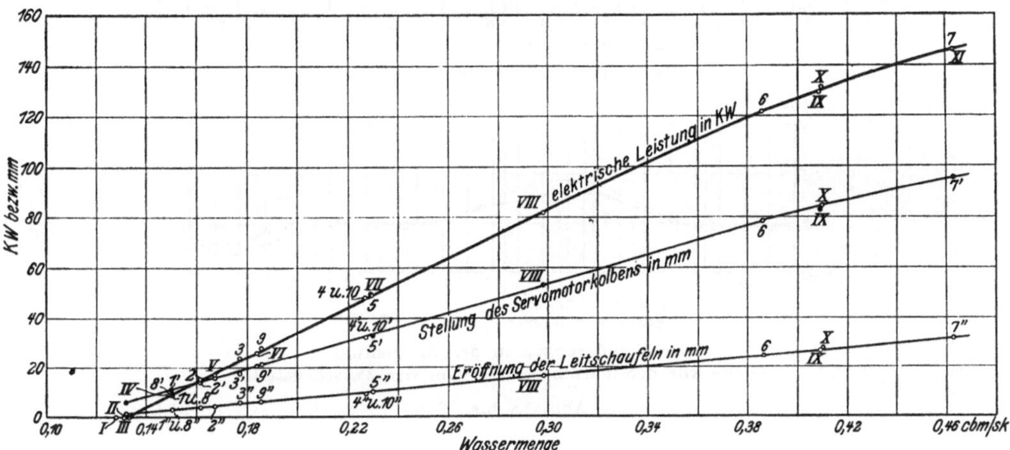

Abb. 17. Elektrische Leistung. Stellung des Servomotorkolbens und Schaufeleröffnung, bezogen auf die Wasserführung.

die Veränderung der elektrischen Leistung mit zunehmender Wassermenge sowie die Stellung des Servomotorkolbens und die Eröffnungsquerschnitte der Leitschaufeln. Die Schaufeleröffnung ist der Wasserführung proportional.

Die Ergebnisse der Regelversuche.

Die elektrische Belastung wurde direkt auf leerlaufenden Generator ohne magnetisierte Pole abgeschaltet. Die Umlaufzahl wurde vor jeder Entlastung auf 750 eingeregelt.

Die genaue Wiedergabe des gesamten Versuchsmaterials bleibt der späteren Veröffentlichung vorbehalten. In den Abb. 18 bis 29 sind für einige Versuche (1,

4, 7 und 9) die für den ersten Teil des Regelvorganges wichtigsten Kurven zusammengestellt. Für jede Versuchsreihe wurden die Schwankungen der Umlaufzahl, die Bewegungen des Servomotorkolbens und die Druckschwankungen in der Rohrleitung vor der Turbine (I) und auf der Zwischenstelle (II) eingezeichnet. Aus den Bewegungen des Servomotorkolbens können die Eröffnungsquerschnitte der Leitschaufeln mittels Abb. 16 abgeleitet werden. Da beide Kurven nahezu proportional verlaufen, wurden die Eröffnungsquerschnitte nur in der Versuchsreihe für größte Belastung, Abb. 25, eingezeichnet. Die Druckschwankungen in der Rohrleitung wurden auf die Höhenlage von Eivindsvand bezogen. Sie sind daher gegenüber der Nullordinate um den Betrag der Reibungsverluste verschoben.

Versuch 1. Entlastung von 9,7 KW auf Leerlauf (mit Druckregler).

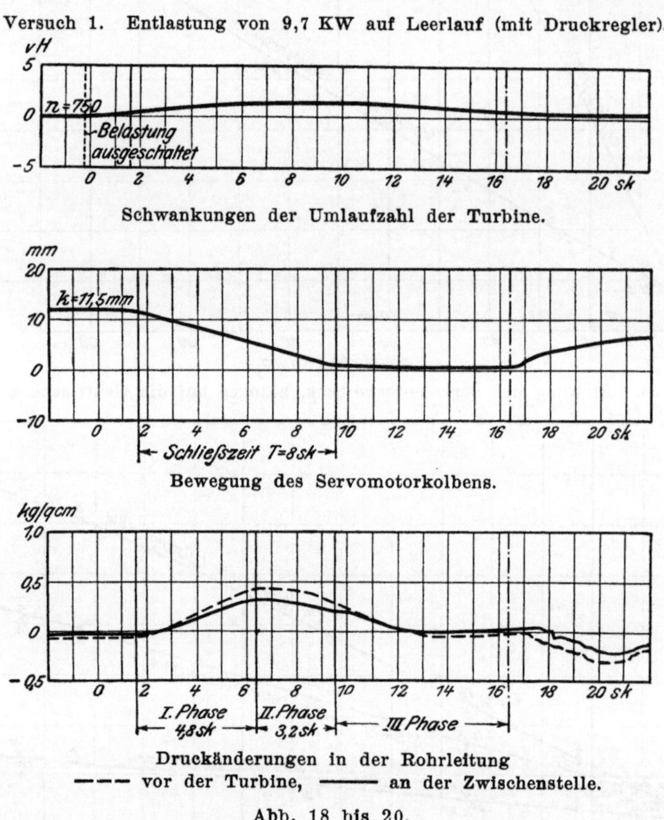

Schwankungen der Umlaufzahl der Turbine.

Bewegung des Servomotorkolbens.

Druckänderungen in der Rohrleitung
--- vor der Turbine, —— an der Zwischenstelle.

Abb. 18 bis 20.

In sämtlichen Versuchen kommt deutlich die zeitliche Aufeinanderfolge der dargestellten Vorgänge zum Ausdruck. Durch die Ausschaltung der Belastung wird die Maschine beschleunigt. Die Umlaufzahl wächst, und die Reglermuffe wird dadurch angehoben, wie Abb. 24 zeigt. Unmittelbar nach dem Anhub des Reglers setzt sich der Servomotorkolben in Bewegung und schließt die Leitschaufeln mit nahezu gleichförmiger Bewegung. Infolge der Verkleinerung der Leitschaufelquerschnitte wird die in der Rohrleitung befindliche Wassermasse angehalten und zusammengepreßt, indem die Wassergeschwindigkeit zuerst in dem untersten Teil des Rohres abnimmt, so daß dieser sich etwas erweitert, während das Wasser zusammengepreßt wird. Der Druck steigt an, und die Drucksteigerung pflanzt sich rasch längs der Rohrleitung nach oben fort, entsprechend der Pressung, welche das in Bewegung befindliche Wasser in dem darüber liegenden Teile der Leitung ausübt. Hat die Druckwelle den Oberwasserspiegel erreicht, so sind über dieser

Stelle keine Wassermassen mehr in Bewegung, hier bleibt der Druck demzufolge unverändert.

Bei dem weiteren Schließen der Schaufeln muß sich die Wassergeschwindigkeit derart einstellen, daß sie über die ganze Leitungslänge proportional mit der Absperrgeschwindigkeit abnimmt. Für den unteren Teil der Rohrleitung nimmt die Geschwindigkeit noch nicht entsprechend dieser Proportionalität ab, indem das

Versuch 4. Entlastung von 48,3 KW auf Leerlauf (mit Druckregler).

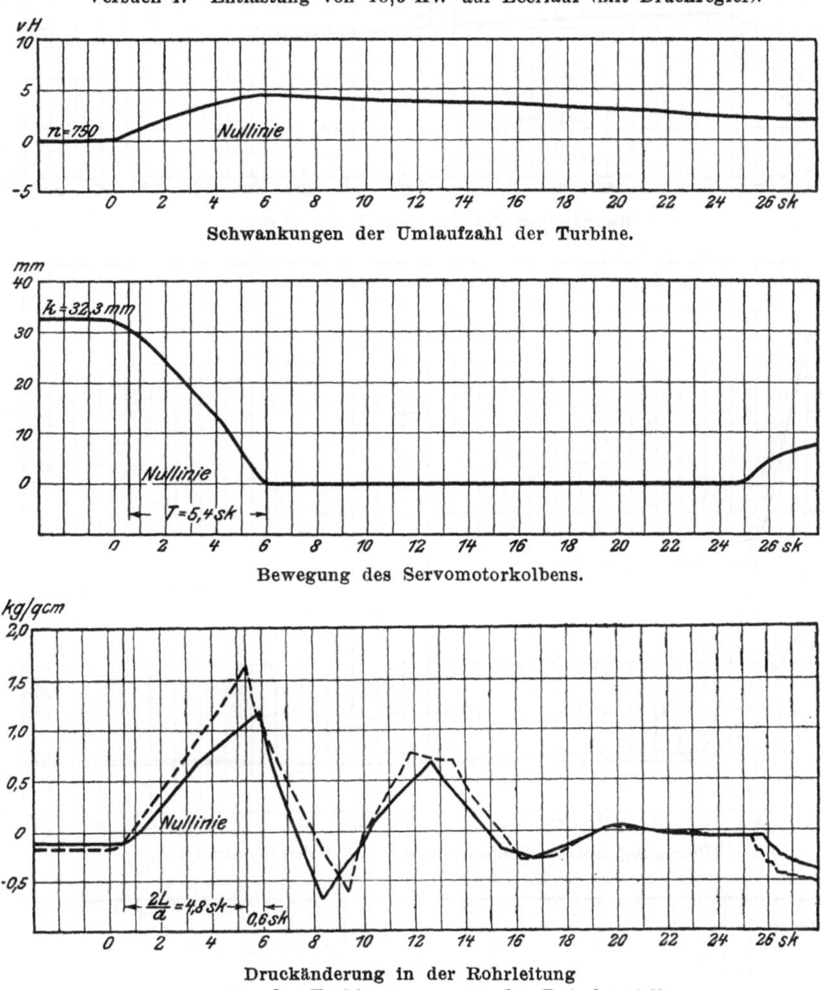

Druckänderung in der Rohrleitung
– – – vor der Turbine, ——— an der Zwischenstelle.

Abb. 21 bis 23.

Wasser schneller zuströmte, als es den Teil der Rohrleitung verließ, der sich auf Grund der Drucksteigerung ständig erweiterte.

Nachdem die Druckwelle den Oberwasserspiegel erreicht hat, nimmt somit der Druck immer noch in der Rohrleitung nach abwärts zu, und der Druckfall, welcher dem stationären Zustand entspricht (daß die Verminderung der Wassergeschwindigkeit mit der Absperrgeschwindigkeit übereinstimmt), stellt sich erst im oberen Teile der Rohrleitung ein und pflanzt sich rasch nach unten bis zur Turbine fort.

In dieser »ersten Phase« der Druckänderung, dem sogen. direkten Stoß, (s. z. B. Abb. 20 und 29) begrenzt zuerst eine nach oben und dann eine nach unten gehende Welle den Teil der Rohrleitung, in welchem der Druck stetig zunimmt. Die Fortpflanzungsgeschwindigkeit a der Druckwelle hängt von der Elastizität des Rohres und des Wassers ab und ermittelt sich aus den vorliegenden Versuchen zu $a = 1000$ m/sk.

Versuch 7. Entlastung von 146,0 KW auf Leerlauf (mit Druckregler).

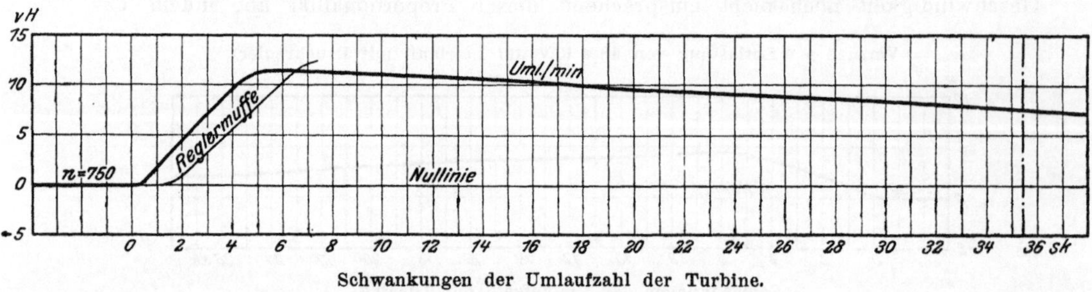

Schwankungen der Umlaufzahl der Turbine.

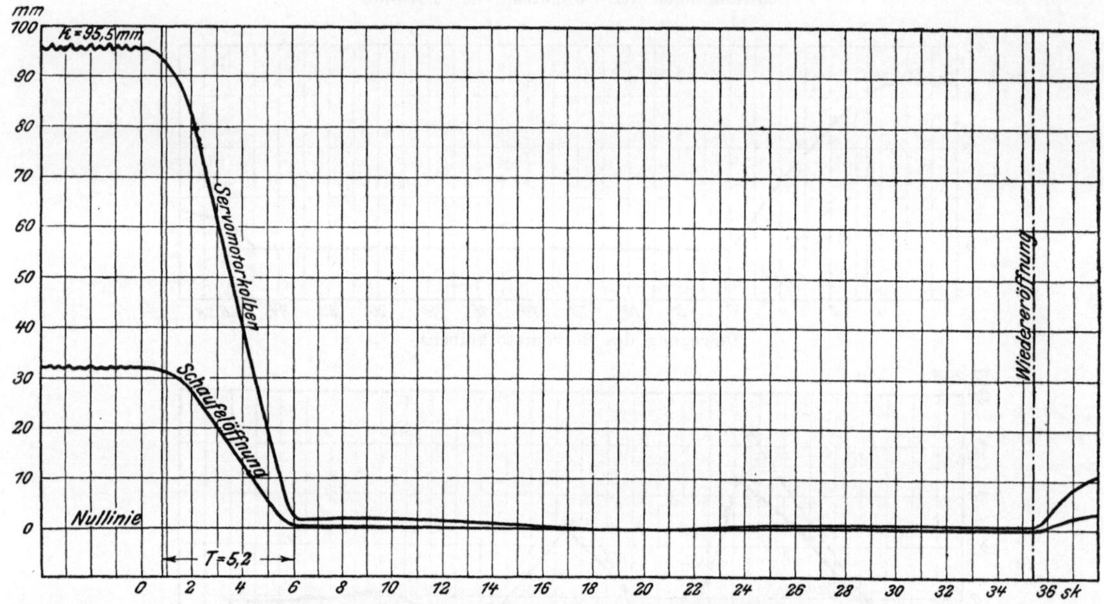

Bewegung des Servomotorkolbens und Schaufelöffnung.

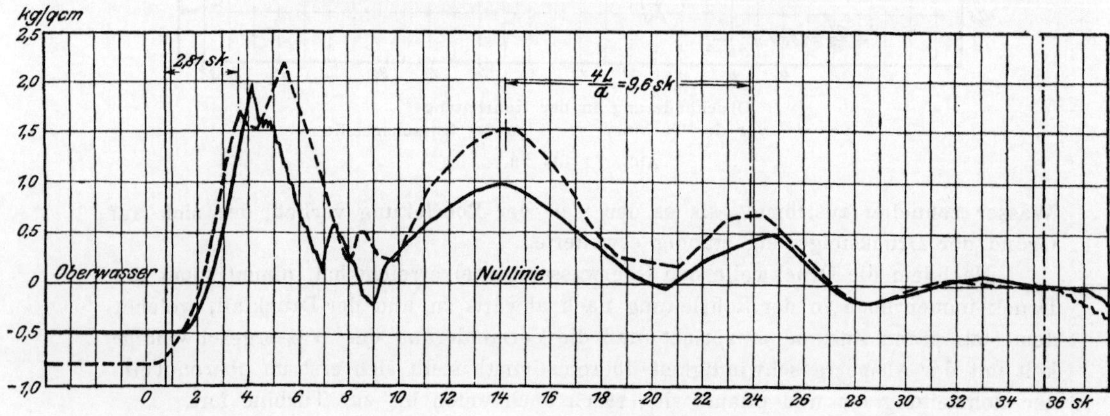

Druckänderungen in der Rohrleitung – – – vor der Turbine, —— an der Zwischenstelle.

Abb. 24 bis 26.

Die erste Phase dauert daher $\frac{2L}{a} = \frac{2 \cdot 2400}{1000} = 4{,}8$ sk für das Manometer vor der Turbine und $\frac{2 \cdot 1470}{1000} = 2{,}9$ sk für das Manometer an der Zwischenstelle. Der Druckanstieg beginnt auf der Zwischenstelle $\frac{2400-1470}{1000} = \frac{930}{1000} = 0{,}93$ sk nach Beginn des Druckanstieges vor der Turbine. (Vergl. Abb. 20, 23, 26, 29.)

Sind die Leitschaufeln am Ende des direkten Stoßes noch nicht vollständig geschlossen, so stellt sich nach Alliévis Theorie für die ganze Leitung ein stationärer Druckzustand ein. Wenn nämlich der Abschluß der Schaufeln proportional der Zeit erfolgt, entspricht der Druckfall längs der Rohrleitung einer gleichmäßigen Abnahme der Wassergeschwindigkeit auf null. Diese Zwischenphase dauert so

Versuch 9. Entlastung von 28,2 KW auf Leerlauf (ohne Druckregler).

Schwankungen der Umlaufzahl der Turbine.

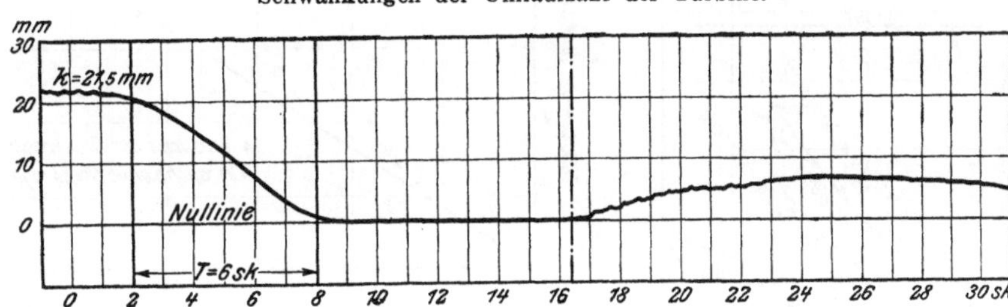

Bewegung des Servomotorkolbens.

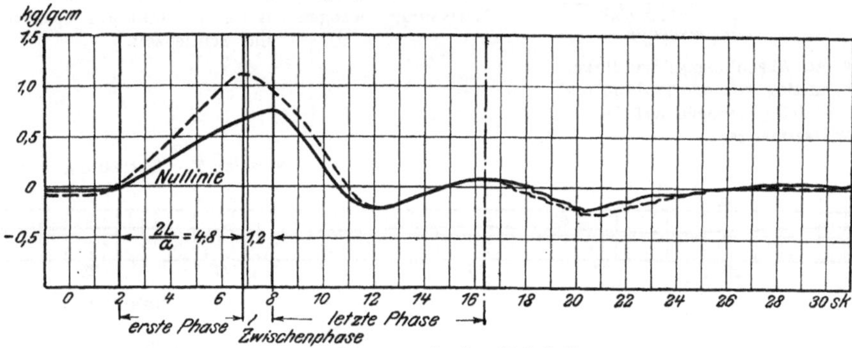

Druckänderungen in der Rohrleitung
– – – vor der Turbine, ——— an der Zwischenstelle.

Abb. 27 bis 29.

lange an, bis die Schaufeln völlig abgeschlossen haben. Die Bedingung für ihr Auftreten ist die, daß die Schließzeit T (s. Abb. 19, 22, 25, 28) größer ist als die Zeitdauer der ersten Phase des direkten Stoßes, also $T > \frac{2L}{a}$ (4,8 sk). Da dies bei allen Versuchen der Fall ist, war zu erwarten, daß sich nach dem ersten Druckanstieg für kurze Zeit ein gleichbleibender Druck einstellen würde. Dies ist nun, wie die Druckkurven erkennen lassen, nicht eingetreten. Der Druck fällt nach der ersten Phase mehr oder minder stark ab. Nur bei Versuch 1, Abb. 19 und 20, der eine verhältnismäßig große Schließzeit aufweist, kommt die Zwischenphase deutlicher zur Ausbildung, während in den Versuchen, in denen sich die Schließzeit 4,8 sk nähert (Versuch 4, Abb. 22 und 23), der Uebergang zur letzten Phase sehr scharf ansetzt, die Zwischenphase also nahezu verschwindet. Die undeutliche Ausprägung der Zwischenphase ist darauf zurückzuführen, daß die Schaufeln vor dem Abschluß schleppender schließen und daß der Druckzustand zwischen Leitschaufeln und Laufrad der Francis-Turbine den Vorgang beeinflußt. Dieser dämpft den Druckanstieg vor der Turbine, indem beim Schließen der Leitschaufeln der Druck hinter den Leitschaufeln sinkt. Infolge dieser Erscheinung sind auch die

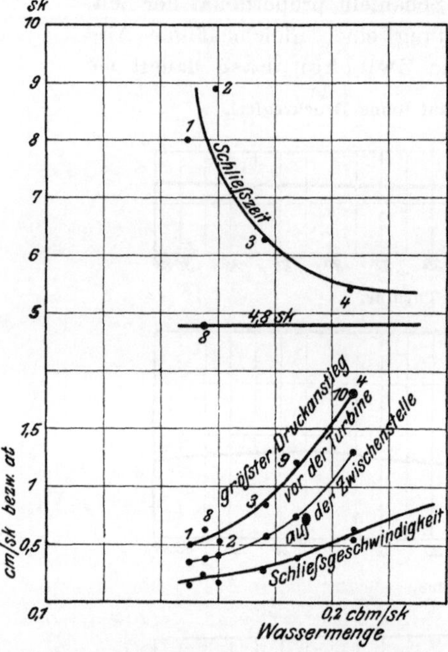

Abb. 30. **Schließzeit, Abschlußgeschwindigkeit und größter Druckanstieg vor der Turbine und an der Zwischenstelle, bezogen auf die Wassermenge.**

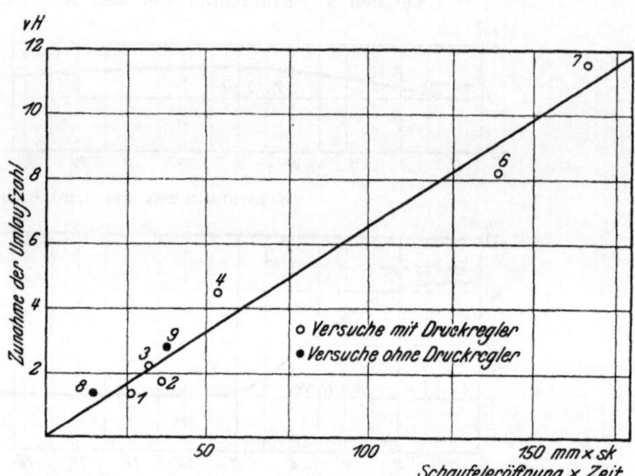

Abb. 31. **Prozentuale Zunahme der Umlaufzahl bei der Entlastung, bezogen auf das Produkt aus Schaufeleröffnung und Schließzeit.**

Versuch 2. Entlastung von 15,5 KW

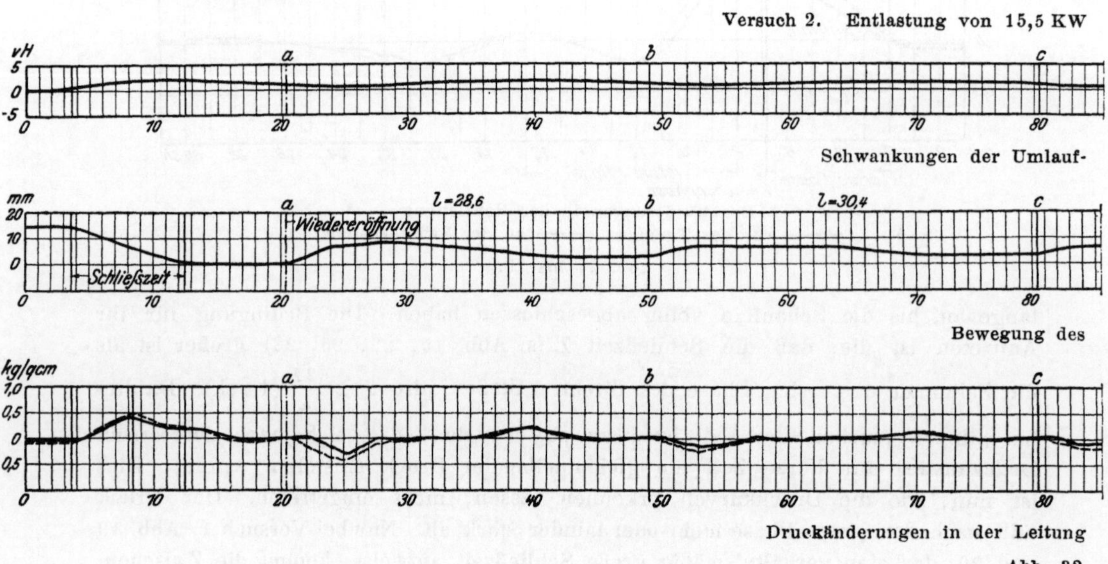

Schwankungen der Umlauf-

Bewegung des

Druckänderungen in der Leitung

Abb. 32

beobachteten Höchstdrücke am Ende der ersten Phase wesentlich geringer (etwa $^1/_2$ bis $^1/_3$) als die sich aus den Alliévischen Formeln unter Voraussetzung gleichbleibenden äußeren Druckes ergebenden Werte.

Nach dem völligen Abschluß der Schaufeln setzt die letzte Phase ein, indem die Zusammenpressung des Wassers und die beim Abschluß vorhandenen Ueberdrücke Schwingungen längs der Rohrleitung hervorrufen.

Im Augenblicke des Abschlusses herrscht ein Ueberdruck im untersten Teile der Rohrleitung. Indem nun das Wasser abgesperrt wird, ziehen sich die Rohre unten zusammen und pressen das Wasser aufwärts, solange bis die Rohre eine Spannung angenommen haben, welche dem hydrostatischen Wasserdruck entspricht. Hierbei haben aber die Wassermassen eine gewisse Geschwindigkeit nach oben angenommen und rufen hierdurch einen entsprechenden Unterdruck im unteren Teile der Leitung hervor. So pendelt der beobachtete Druck um den hydrostatischen in Schwingungen, die allmählich durch die Reibungswiderstände des Rohres gedämpft werden. Die Dämpfung ist in den vorliegenden Versuchen sehr bedeutend, s. Abb. 23 und 26, da wahrscheinlich die Leitschaufeln auch in der obersten Stellung des Servomotorkolbens nicht vollkommen dicht abgeschlossen haben.

Die Schwingungszeit beträgt $\frac{4L}{a} = 9{,}6$ sk (s. Abb. 26). (Aus ihr berechnet sich die Fortpflanzungsgeschwindigkeit a der Druckwelle zu dem oben angegebenen Werte von 1000 m/sk.)

Eigentümlicherweise pendeln die Druckschwingungen nicht um den hydrostatischen Druck, wie für eine geschlossene Rohrleitung erwartet werden sollte, sondern um einen gleichmäßig sinkenden Gegendruck, der im unteren Teile der Rohrleitung am größten ist. Auf der 930 m von der Turbine entfernten Zwischenstelle sollten jeweils der höchste und der niedrigste Druck der Schwingungen in der Zeit $\frac{2 \cdot 930}{1000} = 1{,}86$ sk unverändert bleiben. Dies kommt jedoch in den aufgenommenen Kurven nicht deutlich zum Ausdruck.

Während der Druckverlauf in der letzten Phase mehr nur theoretisches Interesse besitzt, sind die beiden ersten Phasen von Bedeutung für die Beurteilung des Druckanstieges vor der Turbine bei plötzlicher Entlastung. Der höchste Druck

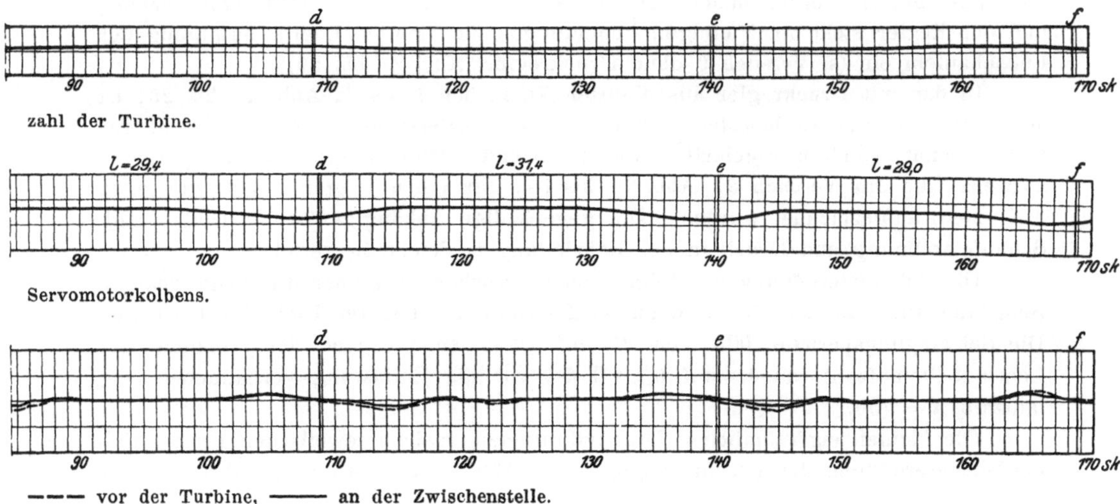

tritt, übereinstimmend mit der Berechnung, bei allen Versuchen am Schlusse der ersten Phase, also nach 4,8 sk auf. Wird die wirkliche Abschlußkurve durch eine gerade Linie ersetzt gedacht, so ergeben sich, bezogen auf die Wasserführung, die in Abb. 30 eingetragenen Werte für Abschlußzeit und Geschwindigkeit. Die beobachteten Größtdrücke nehmen mit steigender Wassermenge und Schließgeschwindigkeit rasch zu. Sie wurden nur für die Versuche mit kleinerer Belastung eingetragen, da in den Versuchen 6 und 7 mit größter Belastung durch Eingreifen des Druckreglers die Höchstdrücke nicht zur Ausbildung kamen (vergl. Abb. 26). Der Vergleich der Höchstdrücke vor der Turbine mit denen an der Zwischenstelle läßt die auch theoretisch zu erwartende gleichmäßige Abnahme des Druckstoßes von der Turbine aus längs der Rohrleitung erkennen. Der Druckanstieg an der Zwischenstelle beträgt rd. 0,68 des Druckanstieges vor der Turbine.

Schließlich sei noch auf einige Erscheinungen hingewiesen, die nach der Entlastung bei der Einregelung auf Leerlauf eintraten.

Nach der Ausschaltung der Belastung steigt die Umlaufzahl so lange, bis die Schaufeln beinahe vollständig geschlossen haben. Die Zunahme der Umlaufzahl wächst mit der Größe N der ausgeschalteten Belastung und der Zeitdauer T des Schließens und verläuft ungefähr proportional dem Produkte dieser Größen (vergl. Abb. 31, prozentuale Zunahme der Umlaufzahl, bezogen auf das Produkt aus Schaufeleröffnung und Schließzeit). Die Steigerung δ der Umlaufzahl ist infolge der Zunahme des Wasserdruckes in der Rohrleitung bedeutend größer, als sich aus der für konstanten Druck ermittelten Gleichung[1])

$$N \frac{T}{2} = G D^2 \frac{\pi^2 n^2}{3600} \delta$$

berechnet.

Da bei geschlossenen Schaufeln die Wasserführung nicht zur Deckung der Leerlaufarbeit ausreicht, sinkt die Umlaufzahl so lange, bis die Schaufeln wieder öffnen. Die Eröffnung erfolgt um so rascher, je länger und vollständiger die Schaufeln geschlossen waren, und dies wiederum hängt von der Zunahme der Umlaufzahl nach der Entlastung ab.

Infolge der Wiedereröffnung der Leitschaufeln strömt eine größere Wassermenge zu und ruft einen Druckabfall vor der Turbine hervor, der sich nach oben durch die Rohrleitung fortpflanzt, in gleicher Weise, wie wenn eine plötzliche Belastungssteigerung vorgenommen worden wäre. Die Umlaufzahl der Turbine wächst, und der Regler stellt nach einigen Pendelungen die richtige Leerlauferöffnung der Leitschaufeln ein (s. Versuch 9 ohne Druckregler, Abb. 27 bis 29).

In den mit Druckregler ausgeführten Versuchen 1 bis 7, Abb. 18 bis 26, ist der Hartung-Regler so belastet, daß das ganze Reglersystem überhaupt nicht zur Ruhe kommt, sondern regelmäßig wiederkehrende Oeffnungs- und Schließperioden aufweist, die für Versuch 2, Abb. 32 bis 34, für einen längeren Zeitraum (etwa 3 Minuten) aufgezeichnet wurden. Die gegenseitige Abhängigkeit von Umlaufzahl, Schaufeleröffnung und Druck in der Rohrleitung ist leicht zu verfolgen.

Die Schaufeleröffnungen erfolgen um so rascher, je größer die ausgeschaltete Belastung war, da der Regler dann im Leerlauf mit höherer Umlaufzahl arbeitet. Die Schwingungsperiode fällt von 30 auf 20 sk entsprechend der Zunahme der Leerlauf-Umlaufzahl von 0,9 auf 6,3 vH der vor der Entlastung vorhandenen Umlaufzahl $n = 750$.

Die kleinen eigentümlichen Druckvibrationen, welche jeweils den Druckabfall bei Wiedereröffnung der Turbine begleiten (s. Abb. 29 und 34), haben ihre Ursache

[1]) R. Dubs und A. Utard, Die Beeinflussung des Reguliervorganges, Dinglers Polyt. Journal 1911 S. 136.

darin, daß der Servomotor stoßweise eröffnet. Die Eigenschwingung des Hartung-Reglers fällt nämlich mit der Zeitdauer dieser Druckvibrationen (etwa 0,4 sk) zusammen. Die Vibrationen sind nicht auf Materialschwingungen der Rohrwand oder Pendelungen der Manometerzeiger zurückzuführen.

Zum Schluß noch einige Bemerkungen hinsichtlich der Benutzung der aufzeichnenden Meßgeräte. Die Elektromagnete der Sekundenschreiber, die miteinander in Reihe geschaltet werden, sollen möglichst übereinstimmend gebaut sein, so daß alle mit gleicher Zuverlässigkeit arbeiten. Die Schreiber sollen die Sekunden in zickzackförmigen Kurven aufschreiben. Ein Sekundenpendel ist einem Uhrwerk mit festen Kontakten vorzuziehen. Die Papierbänder werden zweckmäßig durch Uhrwerk und Zugfeder, nicht durch Elektromotoren angetrieben, da diese die Verwendung der Geräte einschränken und oft lange Kraftleitungen erfordern. Die Geschwindigkeit der Papierbänder ist möglichst verstellbar anzuordnen und je nach dem Zweck der Regelversuche zu 5 bis 10 mm/sk zu wählen.

[illegible] des Thermometers schwer zu schätzen. Die Eigenschwingung der Hauptfedern fällt ziemlich mit den Zeitkonstanten [illegible] (etwa 0,1 sk) zusammen. Die Vibrationen sind nicht auf natürliche Schwingungen der [illegible] oder Pendelungen der Manometerzeiger zurückzuführen.

Zum Schluß noch einige Bemerkungen hinsichtlich der Gestaltung der mitzunehmenden Meßgeräte. Die Registrierapparate sollen [illegible] leicht gestaltet werden, sollen möglichst als Kleininstrumente gebaut sein, so daß sie mit gleicher Zuverlässigkeit arbeiten. Die Schreiber sollen die Kurven in [illegible] Kurven aufschreiben. Ein Gebrauchsmuster soll [illegible] mit festen Konstanten verzeichnen. Die Papierwalzen sollen zweckmäßig durch Uhrwerk und Zugfedern, nicht durch Elektromotoren angetrieben, da diese eine Verwendung der Geräte [illegible] und oft lange Kraftleitungen erfordern. Die Geschwindigkeit der Papierwalzen ist möglichst veränderlich anzuordnen und je nach dem Zweck der Registrierung im [illegible] Bereich zu wählen.

Versuche über die Spannungsverteilung in gekerbten Zugstäben[1]).

Von Privatdozent Dr.-Ing. **E. Preuß.**

(Mitteilung aus der Materialprüfungsanstalt Darmstadt.)

Ein Flachstab mit rechteckigem Querschnitt und zwei auf entgegengesetzten Seiten einander gegenüber liegenden Kerben bei *A* und *C*, Abb. 1, werde durch die Kraft *P* auf Zug beansprucht. Der Angriffspunkt der Kraft *P* sei so gewählt, daß in größerer Entfernung von dem durch die Kerben geschwächten Querschnitt *A-C*, z. B. in dem Querschnitt *A'-C'*, die durch die Kraft *P* erzeugte Zugspannung gleichmäßig über den ganzen Stabquerschnitt verteilt ist. In dem durch die Kerben geschwächten Querschnitt *A-C* ist dann jedoch, sofern die Streckgrenze des Stoffes noch nicht erreicht oder überschritten ist, die durch die Wirkung von *P* bedingte Zugspannung nicht gleichmäßig verteilt; es tritt vielmehr in der Nähe der Kerben eine nicht unerhebliche Spannungserhöhung ein, die naturgemäß mit einer entsprechenden Spannungsverminderung an den in der Nähe der Mittelachse des Stabes bei *J* liegenden Stellen verbunden sein

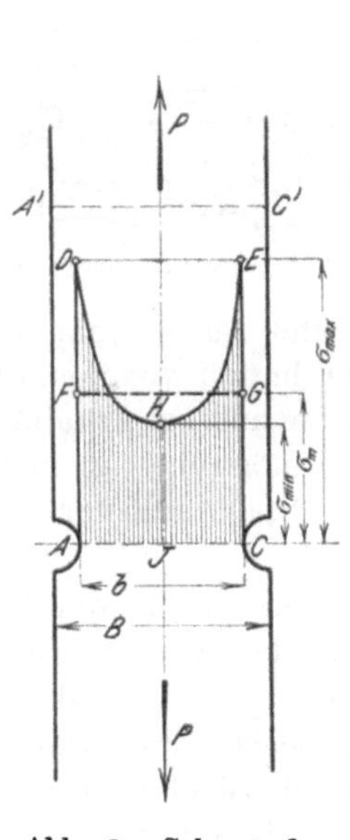

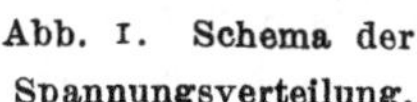
Abb. 1. Schema der Spannungsverteilung.

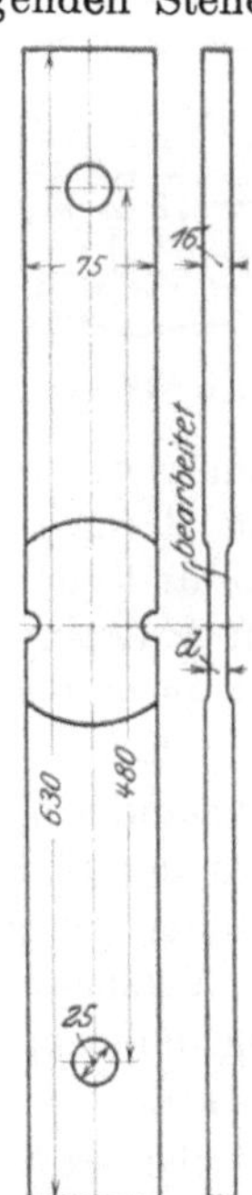

Abb. 2 und 3. Form der Probestäbe.

[1]) Dieser Bericht über Versuche an gekerbten Zugstäben schließt an den früheren Versuchsbericht des Verfassers über die Spannungsverteilung in gelochten Zugstäben an, vergl. Mitteilungen über Forschungsarbeiten, Heft Nr. 126 und Z. d. V. d. I. 1912 S. 1780.

muß. Die nachstehenden Versuche[1]) sollen zeigen, in welcher Weise die Spannungsverteilung im Querschnitt *A-C* und insbesondere die auftretende Höchstspannung σ_{max} in den Punkten *A* und *C* innerhalb des Gebietes der elastischen Formänderungen, also innerhalb des Gebietes der Nutzspannungen unserer Bauteile, von der Form und Größe der Kerben abhängig ist.

Als Probestäbe dienten Flacheisen nach Abb. 2 und 3 von 630 mm Länge, 75 mm Breite und 16 mm Dicke. Das Eisen hatte eine Proportionalitätsgrenze von 2320 kg/qcm, eine Streckgrenze von 2600 kg/qcm und eine Zerreißfestigkeit von 3975 kg/qcm. Die Bruchdehnung betrug 31,6 vH und der Elastizitätsmodul 2 090 000 kg/qcm. Die Probestäbe besaßen in der Nähe ihrer Enden je ein Loch

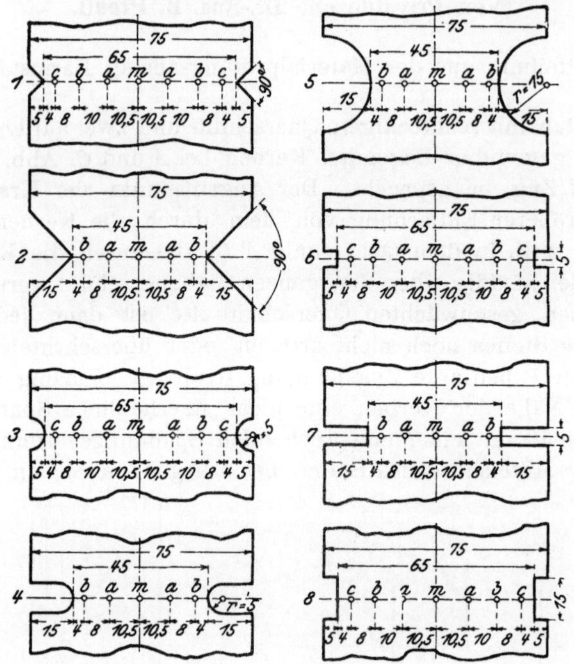

Abb. 4 bis 11. Form der Kerben und Lage der Meßpunkte.

von 25 mm Durchmesser. Diese Löcher dienten zur Aufnahme von Bolzen, an denen die Zugkraft *P* angriff. Beide Löcher hatten voneinander den möglichst groß gewählten Abstand von 480 mm, damit im mittleren Stabteile die durch die Wirkung der Kraft *P* erzeugte Zugspannung möglichst gleichmäßig über den ganzen Querschnitt verteilt war, soweit diese Spannungsverteilung nicht durch die Kerben gestört wurde.

Die Kerben befanden sich einander gegenüber in der Stabmitte auf den beiden Schmalseiten der Stäbe. In der Nähe der Kerben waren die Stäbe auf den beiden Breitseiten durch Abdrehen bis auf die Stabdicke *d* von etwa 14,5 mm von der Walzhaut befreit. Diese Bearbeitung war für einen guten Sitz des Spannungsfeinmeßgerätes auf der Oberfläche der Stäbe erforderlich.

Untersucht wurden 8 Probestäbe Nr. 1 bis 8 mit 8 verschiedenen Kerbformen. Die Form der Kerben lassen die Abb. 4 bis 11 erkennen. Stab Nr. 1

---

[1]) Frühere theoretische und in anderer Weise experimentell ausgeführte Untersuchungen liegen von **Leon** vor, vergl. »Oesterr. Zeitschrift für den öffentlichen Baudienst« 1908 Nr. 9, 29, 43, 44; »Mitteilungen aus dem mechanisch-technischen Laboratorium der Technischen Hochschule in Wien« 1908 Nr. 1, 3; und »Armierter Beton« 1909 Nr. 9, 10.

hatte eine scharfe rechtwinklige Kerbe von 5 mm Tiefe. Stab Nr. 2 hatte ebenfalls eine scharfe rechtwinklige Kerbe, jedoch von 15 mm Tiefe. Diese Stäbe Nr. 1 und 2 gestatteten also, bei gleicher Kerbform den Einfluß der Kerbtiefe festzustellen.

Stab Nr. 3 hatte eine halbrunde Kerbe mit dem Halbmesser $r = 5$ mm und Stab Nr. 4 eine gegenüber Stab Nr. 3 vertiefte Kerbe, deren Grund jedoch ebenfalls nach dem Halbmesser $r = 5$ mm ausgebildet war. Ein Vergleich der Spannungsverteilung in den Stäben Nr. 3 und 4 gibt also bei gleicher Ausrundung des Kerbgrundes Aufschluß über den Einfluß der Kerbtiefe. Stab Nr. 5 hatte gleichfalls eine halbrunde Kerbe, jedoch mit dem Halbmesser $r = 15$ mm. Der Kreismittelpunkt dieser Kerbe lag in gleicher Weise wie bei Stab Nr. 3 auf der Stabkante. Ein Vergleich der Stäbe Nr. 3 und 5 zeigt daher für Kerben, die durch einen Halbkreis gebildet werden, den Einfluß des Halbmessers auf die Spannungsverteilung.

Die Kerben Nr. 6 bis 8 hatten eine zur Längsachse der Stäbe und zur Richtung der Zugkraft parallele geradlinige Kerbe. Bei Stab Nr. 6 war die Kerbe ein Quadrat, bei Stab Nr. 7 ein senkrecht zur Längsachse gestrecktes Rechteck, dessen Höhe gleich der Seite des Quadrates der Kerbe bei Stab Nr. 6 war. Ein Vergleich der Stäbe Nr. 6 und 7 zeigt daher bei der gleichen geradlinigen Ausbildung des Kerbgrundes den Einfluß der Kerbtiefe. Stab Nr. 8 hatte eine Kerbe in Form eines in der Richtung der Stablängsachse gestreckten Rechteckes. Die Tiefe dieser Kerbe war gleich der Tiefe der Kerbe bei Stab Nr. 6. Die Stäbe Nr. 6 und 8 zeigen also bei gleicher Ausbildung des Kerbgrundes und gleicher Kerbtiefe den Einfluß der Kerblänge.

Die Spannungen wurden durch Messung der Formänderung bestimmt. Hierfür dienten die in Z. d. V. d. I. 1912 S. 1349 beschriebenen Feinmeßgeräte des Verfassers mit 0,7 und 3,3 mm Meßlänge. Das Feinmeßgerät mit 0,7 mm Meßlänge wurde nur zur Feststellung der Formänderungen im Grunde der scharfeckigen Stäbe Nr. 1 und 2 benutzt, sonst wurde stets das Gerät mit 3,3 mm Meßlänge verwendet.

Die Lage der Meßpunkte a, b, c und m ist aus den Abb. 4 bis 11 ersichtlich. Alle Meßpunkte lagen in der durch die Mitte der Kerben senkrecht zur Stablängsachse gehenden Ebene. Die in den späteren Zahlentafeln 2 bis 9 mit »Stabseite I links« (d. h. links von der Stabmittelachse) bezeichneten Meßpunkte lagen den mit »Stabseite II rechts« (d. h. rechts von der Stabmittelachse) bezeichneten Meßpunkten unmittelbar gegenüber, desgleichen die mit »Stabseite I rechts« den mit »Stabseite II links« bezeichneten Meßpunkten.

Ferner wurden auch bei allen Stäben die Formänderungen und Spannungen unmittelbar am Kerbrande gemessen, und zwar ebenfalls in der durch die Mitte der Kerben senkrecht zur Längsachse gehenden Ebene. Diese Meßpunkte am Kerbrande sind in den späteren Zahlentafeln mit »R« (Rand) und die dort gefundenen Spannungen mit »σ_{max}« bezeichnet. Hierbei ist für die Stäbe Nr. 6 bis 8 mit geradlinigem, zur Stabachse parallelem Kerbgrunde zu beachten, daß nach dem eben Gesagten die Messung der Höchstspannungen σ_{max} an den Meßpunkten R auf der symmetrisch zur Quermittelachse $A\,C$ liegenden Meßstrecke l, Abb. 12, erfolgte. Auf der Meßstrecke l tritt jedoch nicht die höchste überhaupt im Stabe herrschende Spannung auf. Die größte Spannung dürfte vielmehr an den scharfen Ecken bei x in Abb. 12 herrschen.

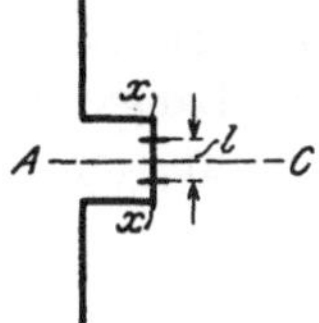

Abb. 12. Lage der Meßstrecke R bei den Stäben 6 bis 8.

Hinsichtlich des Ansetzens des Meßgerätes an den am Kerbrande liegenden Meßpunkten R sei auf die Ausführungen in Z. d. V. d. I. 1912 S. 1351 und die dortigen zugehörigen Abb. 14 und 15 verwiesen. Im Anschluß an jene Ausführungen sei hier nochmals besonders betont, daß die späteren Angaben für die im Kerbgrunde (Meßpunkte R) der Stäbe Nr. 1 und 2 mit scharfeckigen rechtwinkligen Kerben herrschenden Spannungen nicht als wirliche Spannungswerte aufzufassen sind. Jene Werte haben vielmehr nur als Formänderungswerte zu gelten, die unter den in Z. d. V. d. I. 1912 S. 1351 angegebenen Voraussetzungen berechnet sind und lediglich zum bequemen Vergleich mit den an den übrigen Meßpunkten gefundenen Werten, welche wirkliche Spannungswerte sind, dienen sollen. Aus diesem Grunde sind jene Werte an den Meßpunkten R der Stäbe Nr. 1 und 2 in den Zahlentafeln und Schaubildern auch durch Einklammerung besonders kenntlich gemacht

An allen Meßpunkten a bis c wurde das Feinmeßgerät je einmal und an allen Meßpunkten R mit Rücksicht auf die Wichtigkeit jener Punkte zweimal angesetzt. In jeder Stellung des Feinmeßgerätes wurden die Stäbe je dreimal bis auf die später angegebene Höchstlast P_{max} belastet und dann in allen Fällen bis auf die Nullast $P_0 = 1000$ kg entlastet. Dabei wurden die Formänderungen gemessen. Die bei den jeweils dreimaligen Be- und Entlastungen beobachteten Formänderungen sind in den späteren Zahlentafeln 2 bis 9 unter Versuch 1 bis 3 angegeben.

Die Höchstlast P_{max} wurde bei allen 8 Stäben so gewählt, daß bei Annahme gleichmäßiger Spannungsverteilung über den durch die Kerben am meisten geschwächten Querschnitt f (Querschnitt A-C in Abb. 1) die mittlere Spannung $\sigma_m = 750$ kg/qcm betrug. Mit Rücksicht auf die in Zahlentafel 1 angegebenen Abmessungen des Querschnittes f ergaben sich hiernach für P_{max} folgende Werte:

Zahlentafel 1.

Stab Nr.	des kleinsten Querschnittes			Höchstlast P_{max}
	Breite b mm	Dicke d mm	Fläche f qmm	kg
1	65,5	14,48	947	7100
2	45,0	14,54	654	4900
3	65,7	14,43	948	7110
4	44,9	14,42	647	4850
5	44,7	14,48	647	4850
6	65,3	14,40	940	7050
7	45,3	14,51	657	4930
8	65,6	14,43	947	7100

An allen Meßpunkten, mit Ausnahme der Punkte R, wurden die Formänderungen sowohl in der Richtung der wirkenden Kraft P (Längsrichtung) als auch senkrecht dazu in der Richtung A-C in Abb. 1 (Querrichtung) gemessen. Bezeichnet α die Dehnungszahl, ε die spezifische Dehnung und m das Verhältnis der Längs- zur Querdehnung, so gilt für die Spannungen σ_1 in der Längsrichtung und die Spannungen σ_2 in der Querrichtung:

$$\sigma_1 = \frac{m\,(m\,\varepsilon_1 + \varepsilon_2)}{\alpha\,(m^2 - 1)}$$

$$\sigma_2 = \frac{m\,(\varepsilon_1 + m\,\varepsilon_2)}{\alpha\,(m^2 - 1)}.$$

In den Zahlentafeln 2 bis 9 sind die Beobachtungswerte in Einheiten von 0,1 mm Zeigerausschlag des Feinmeßgerätes angegeben und mit a_1 und a_2

Zahlentafel 2. Stab Nr. 1. Kerbform Abb. 4.

Stabseite I.

Lage der Meßpunkte zur Stabmittelachse			links						rechts				
Meßpunkt			R		c	b	a	m	a	b	c	R	
			Reihe 1	Reihe 2								Reihe 1	Reihe 2
Ablesungen in Einheiten von 0,1 mm Zeigerausschlag	in der Längsrichtung (Ablesungen α_1)	Versuch 1	123	130	56	54	55	55	53	54	58	140	128
		» 2	123	126	57	54	56	55	54	54	58	142	131
		» 3	130	128	57	54	56	55	54	54	58	139	131
		Mittel	127		57	54	56	55	54	54	58	135	
	in der Querrichtung (Ablesungen α_2)	Versuch 1	—	—	6	3[1])	9[1])	7[1])	4[1])	3[1])	12	—	—
		» 2	—	—	6	3[1])	9[1])	7[1])	4[1])	2[1])	11	—	—
		» 3	—	—	7	2[1])	9[1])	7[1])	3[1])	3[1])	11	—	—
		Mittel	—		6	3[1])	9[1])	7[1])	4[1])	2[1])	11	—	
Längsspannung σ_1 . . .		kg/qcm	(3780)		701	633	637	633	629	637	730	(4020)	
Querspannung σ_2 . . .		»	—		276	158	93	115	146	168	340	—	

Stabseite II.

			R Reihe 1	R Reihe 2	c	b	a	m	a	b	c	R Reihe 1	R Reihe 2
Ablesungen in Einheiten von 0,1 mm Zeigerausschlag	in der Längsrichtung (Ablesungen α_1)	Versuch 1	170	181	64	64	64	65	64	66	69	202	188
		» 2	163	175	64	64	63	65	64	66	69	193	182
		» 3	166	178	64	64	64	65	64	66	69	193	175
		Mittel	173		64	64	64	65	64	66	69	189	
	in der Querrichtung (Ablesungen α_2)	Versuch 1	—	—	2	2[1])	11[1])	11[1])	5[1])	2[1])	7	—	—
		» 2	—	—	2	2[1])	10[1])	11[1])	7[1])	1[1])	9	—	—
		» 3	—	—	2	3[1])	10[1])	11[1])	6[1])	1[1])	8	—	—
		Mittel	—		2	2[1])	10[1])	11[1])	6[1])	[1])	8	—	
Längsspannung σ_1 . . .		kg/qcm	(5155)		769	755	726	737	740	783	851	(5630)	
Querspannung σ_2 . . .		»	—		254	204	111	100	158	226	344	—	

[1]) S. die diesbezügliche Bemerkung auf S. 55.

Zahlentafel 3. Stab Nr. 2. Kerbform Abb. 5.

Stabseite I.

Lage der Meßpunkte zur Stabmittelachse			links					rechts			
Meßpunkt			R		b	a	m	a	b	R	
			Reihe 1	Reihe 2						Reihe 1	Reihe 2
Ablesungen in Einheiten von 0,1 mm Zeigerausschlag	in der Längsrichtung (Ablesungen α_1)	Versuch 1	99	89	50	43	42	40	51	119	90
		» 2	98	95	51	44	41	41	52	117	92
		» 3	97	92	51	44	41	40	52	116	89
		Mittel	94		51	44	41	40	52	104	
	in der Querrichtung (Ablesungen α_2)	Versuch 1	—	—	19	12	11	11	16	—	—
		» 2	—	—	20	11	10	11	14	—	—
		» 3	—	—	20	12	10	11	15	—	—
		Mittel	—		20	12	10	11	15	—	
Längsspannung σ_1 . . .		kg/qcm	(3020)		733	610	567	560	725	(3340)	
Querspannung σ_2 . . .		»	—		456	324	286	297	394	—	

Stabseite II.

			R Reihe 1	R Reihe 2	b	a	m	a	b	R Reihe 1	R Reihe 2
Ablesungen in Einheiten von 0,1 mm Zeigerausschlag	in der Längsrichtung (Ablesungen α_1)	Versuch 1	160	170	52	41	37	39	46	130	110
		» 2	165	172	52	41	37	38	47	127	106
		» 3	162	170	52	41	37	39	47	128	108
		Mittel	171		52	41	37	39	47	118	
	in der Querrichtung (Ablesungen α_2)	Versuch 1	—	—	25	13	7	9	19	—	—
		» 2	—	—	25	13	6	10	17	—	—
		» 3	—	—	25	13	7	10	18	—	—
		Mittel	—		25	13	7	10	18	—	
Längsspannung σ_1 . . .		kg/qcm	(5380)		763	579	505	540	675	(3800)	
Querspannung σ_2 . . .		»	—		521	324	232	277	413	—	

Zahlentafel 4. Stab Nr. 3. Kerbform Abb. 6.

Stabseite I.

Lage der Meßpunkte zur Stabmittelachse			links							rechts			
Meßpunkt			*R*		*c*	*b*	*a*	*m*	*a*	*b*	*c*	*R*	
			Reihe 1	Reihe 2								Reihe 1	Reihe 2
Ablesungen in Einheiten von 0,1 mm Zeigerausschlag	in der Längsrichtung (Ablesungen a_1)	Versuch 1	116	117	53	52	53	51	49	46	53	135	123
		» 2	116	115	53	54	52	52	50	46	52	134	123
		» 3	116	116	53	53	53	52	50	46	52	134	123
		Mittel	116		53	53	53	52	50	46	52	129	
	in der Querrichtung (Ablesungen a_2)	Versuch 1	—	—	3[1])	6[1])	9[1])	10[1])	10[1])	3[1])	6	—	—
		» 2	—	—	2[1])	5[1])	8[1])	9[1])	10[1])	2[1])	6	—	—
		» 3	—	—	1[1])	5[1])	8[1])	10[1])	10[1])	2[1])	6	—	—
		Mittel	—		2[1])	5[1])	8[1])	10[1])	10[1])	2[1])	6	—	
Längsspannung σ_1 . . .		kg/qcm	1262		623	613	602	588	563	242	646	1403	
Querspannung σ_2 . . .		»	—		164	129	93	68	61	140	258	—	

Stabseite II

			R Reihe 1	*R* Reihe 2	*c*	*b*	*a*	*m*	*a*	*b*	*c*	*R* Reihe 1	*R* Reihe 2
Ablesungen in Einheiten von 0,1 mm Zeigerausschlag	in der Längsrichtung (Ablesungen a_1)	Versuch 1	157	171	85	72	72	74	74	72	96	178	182
		» 2	159	170	85	73	73	73	73	73	97	179	182
		» 3	159	170	85	73	73	73	73	74	97	178	183
		Mittel	164		85	73	73	73	74	73	97	180	
	in der Querrichtung (Ablesungen a_2)	Versuch 1	—	—	3[1])	7[1])	11[1])	17[1])	17[1])	12[1])	8[1])	—	—
		» 2	—	—	3[1])	8[1])	13[1])	15[1])	17[1])	11[1])	8[1])	—	—
		» 3	—	—	3[1])	8[1])	10[1])	16[1])	17[1])	12[1])	8[1])	—	—
		Mittel	—		3[1])	8[1])	11[1])	16[1])	17[1])	12[1])	8[1])		
Längsspannung σ_1 . . .		kg/qcm	1784		1020	840	830	814	823	826	1128	1958	
Querspannung σ_2 . . .		»	—		268	164	129	75	61	118	251	—	

[1]) S. die diesbezügliche Bemerkung auf S. 55.

Zahlentafel 5. Stab Nr. 4. Kerbform Abb. 7.

Stabseite I.

Lage der Meßpunkte zur Stabmittelachse			links					rechts			
Meßpunkt			*R*		*b*	*a*	*m*	*a*	*b*	*R*	
			Reihe 1	Reihe 2						Reihe 1	Reihe 2
Ablesungen in Einheiten von 0,1 mm Zeigerausschlag	in der Längsrichtung (Ablesungen a_1)	Versuch 1	141	134	50	35	35	36	55	123	132
		» 2	141	134	51	35	35	36	55	121	134
		» 3	140	134	50	35	35	36	55	122	133
		Mittel	138		50	35	35	36	55	128	
	in der Querrichtung (Ablesungen a_2)	Versuch 1	—	—	11	14	13	14	16	—	—
		» 2	—	—	12	15	14	15	15	—	—
		» 3	—	—	11	13	14	15	16	—	—
		Mittel	=		11	14	14	15	16	—	
Längsspannung σ_1 . . .		kg/qcm	1622		684	502	502	521	770	1504	
Querspannung σ_2 . . .		»	—		336	316	316	332	417	—	

Stabseite II.

			R Reihe 1	*R* Reihe 2	*b*	*a*	*m*	*a*	*b*	*R* Reihe 1	*R* Reihe 2
Ablesungen in Einheiten von 0,1 mm Zeigerausschlag	in der Längsrichtung (Ablesungen a_1)	Versuch 1	183	174	79	59	55	58	76	193	182
		» 2	183	177	79	58	56	57	76	191	183
		» 3	182	176	78	58	55	58	76	193	182
		Mittel	180		79	58	55	58	76	187	
	in der Querrichtung (Ablesungen a_2)	Versuch 1	—	—	8	4	8	8	16	—	—
		» 2	—	—	9	5	8	9	15	—	—
		» 3	—	—	8	5	8	9	15	—	—
		Mittel	—		8	5	8	9	15	—	
Längsspannung σ_1 . . .		kg/qcm	2115		1048	766	739	782	1035	2195	
Querspannung σ_2 . . .		»	—		410	289	316	340	487	—	

Zahlentafel 6. Stab Nr. 5. Kerbform Abb. 8.

Stabseite I.

Lage der Meßpunkte zur Stabmittelachse			links					rechts			
Meßpunkt			R		b	a	m	a	b	R	
			Reihe 1	Reihe 2						Reihe 1	Reihe 2
Ablesungen in Einheiten von 0,1 mm Zeigerausschlag	in der Längsrichtung (Ablesungen a_1)	Versuch 1	133	133	81	60	55	56	78	117	118
		» 2	132	133	82	60	54	55	78	110	118
		» 3	132	133	82	60	54	56	78	118	118
		Mittel	133		82	60	54	56	78	118	
	in der Querrichtung (Ablesungen a_2)	Versuch 1	—	—	2	11	12	12	6	—	—
		» 2	—	—	2	13	14	13	5	—	—
		» 3	—	—	3	13	13	12	5	—	—
		Mittel	—		2	12	13	12	5	—	
Längsspannung σ_1 . . .		kg/qcm	1563		1068	820	743	766	1025	1387	
Querspannung σ_2 . . .		»	—		355	387	375	372	368	—	

Stabseite II.

Lage der Meßpunkte zur Stabmittelachse			links					rechts			
Meßpunkt			R Reihe 1	R Reihe 2	b	a	m	a	b	R Reihe 1	R Reihe 2
Ablesungen in Einheiten von 0,1 mm Zeigerausschlag	in der Längsrichtung (Ablesungen a_1)	Versuch 1	100	100	61	47	41	44	69	103	102
		» 2	101	100	62	45	40	44	70	105	103
		» 3	100	100	62	46	40	44	69	104	102
		Mittel	100		62	46	40	44	69	103	
	in der Querrichtung (Ablesungen a_2)	Versuch 1	—	—	5[1]	4	4	5	8[1]	—	—
		» 2	—	—	5[1]	5	5	5	7[1]	—	—
		» 3	—	—	6[1]	5	5	5	6[1]	—	—
		Mittel	—		5[1]	5	5	5	7[1]	—	
Längsspannung σ_1 . . .		kg/qcm	1175		782	610	537	588	862	1210	
Querspannung σ_2 . . .		»	—		174	243	220	227	178	—	

[1]) S. die diesbezügliche Bemerkung auf S. 55.

Zahlentafel 7. Stab Nr. 6. Kerbform Abb. 9.

Stabseitte I.

Lage der Meßpunkte zur Stabmittelachse			links						rechts				
Meßpunkt			R		c	b	a	m	a	b	c	R	
			Reihe 1	Reihe 2								Reihe 1	Reihe 2
Ablesungen in Einheiten von 0,1 mm Zeigerausschlag	in der Längsrichtung (Ablesungen a_1)	Versuch 1	117	115	62	51	51	52	52	55	65	113	115
		» 2	117	115	63	51	51	53	54	55	65	114	115
		» 3	117	115	63	51	51	52	53	55	65	113	115
		Mittel	116		63	51	51	52	53	55	65	114	
	in der Querrichtung (Ablesungen a_2)	Versuch 1	—	—	7	1	10[1]	8[1]	6[1]	1	1	—	—
		» 2	—	—	7	1	9[1]	8[1]	6[1]	0	1	—	—
		» 3	—	—	7	1	9[1]	8[1]	6[1]	1	1	—	—
		Mittel	—		7	1	9[1]	8[1]	6[1]	1	1	—	
Längsspannung σ_1 . . .		kg/qcm	1261		766	613	578	595	610	660	782	1240	
Querspannung σ_2 . . .		»	—		305	194	75	90	118	208	244	—	

Stabseite II.

Lage der Meßpunkte zur Stabmittelachse			links						rechts				
Meßpunkt			R Reihe 1	R Reihe 2	c	b	a	m	a	b	c	R Reihe 1	R Reihe 2
Ablesungen in Einheiten von 0,1 mm Zeigerausschlag	in der Längsrichtung (Ablesungen a_1)	Versuch 1	165	161	98	78	78	76	77	76	84	153	144
		» 2	164	162	99	80	78	77	76	76	83	153	145
		» 3	164	162	98	79	78	77	77	76	84	152	145
		Mittel	163		98	79	78	77	77	76	84	149	
	in der Querrichtung (Ablesungen a_2)	Versuch 1	—	—	8[1]	11[1]	15[1]	13[1]	11[1]	8[1]	0	—	—
		» 2	—	—	7[1]	10[1]	14[1]	12[1]	10[1]	8[1]	0	—	—
		» 3	—	—	7[1]	10[1]	14[1]	13[1]	10[1]	8[1]	0	—	—
		Mittel	—		7[1]	10[1]	14[1]	13[1]	10[1]	8[1]	0	—	
Längsspannung σ_1 . . .		kg/qcm	1773		1145	908	880	872	885	878	1003	1621	
Querspannung σ_2 . . .		»	—		268	165	111	122	158	176	300	—	

[1]) S. die diesbezügliche Bemerkung auf S. 55.

Zahlentafel 8. Stab Nr. 7. Kerbform Abb. 10.

Stabseite I.

Lage der Meßpunkte zur Stabmittelachse			links					rechts			
Meßpunkt			*R*		*b*	*a*	*m*	*a*	*b*	*R*	
			Reihe 1	Reihe 2						Reihe 1	Reihe 2
Ablesungen in Einheiten von 0,1 mm Zeigerausschlag	in der Längsrichtung (Ablesungen a_1)	Versuch 1	134	138	62	46	47	47	68	134	132
		» 2	133	139	62	46	46	48	69	133	133
		» 3	135	138	62	46	46	47	69	133	133
		Mittel	136		62	46	46	47	69	133	
	in der Querrichtung (Ablesungen a_2)	Versuch 1	—	—	7	10	10	13	12	—	—
		» 2	—	—	8	10	9	11	13	—	—
		» 3	—	—	7	10	9	12	12	—	—
		Mittel	—		7	10	9	12	12	—	
Längsspannung σ_1 . . .		kg/qcm	1593		823	629	624	648	894	1558	
Querspannung σ_2 . . .		»	—		327	304	292	335	420	—	

Stabseite II.

Lage der Meßpunkte zur Stabmittelachse			links					rechts			
Meßpunkt			*R* Reihe 1	*R* Reihe 2	*b*	*a*	*m*	*a*	*b*	*R* Reihe 1	*R* Reihe 2
Ablesungen in Einheiten von 0,1 mm Zeigerausschlag	in der Längsrichtung (Ablesungen a_1)	Versuch 1	154	151	77	52	48	55	67	135	144
		» 2	153	152	76	52	49	53	69	136	144
		» 3	153	151	77	52	48	54	68	136	144
		Mittel	152		77	52	48	54	68	140	
	in der Querrichtung (Ablesungen a_2)	Versuch 1	—	—	10	13	11	13	14	—	—
		» 2	—	—	10	13	11	13	14	—	—
		» 3	—	—	10	13	11	13	14	—	—
		Mittel	—		10	13	11	13	14	—	
Längsspannung σ_1 . . .		kg/qcm	1780		1030	718	660	744	931	1640	
Querspannung σ_2 . . .		»	—		424	367	327	374	443	—	

Zahlentafel 9. Stab Nr. 8. Kerbform Abb. 11.

Stabseite I.

Lage der Meßpunkte zur Stabmittelachse			links						rechts				
Meßpunkt			*R*		*c*	*b*	*a*	*m*	*a*	*b*	*c*	*R*	
			Reihe 1	Reihe 2								Reihe 1	Reihe 2
Ablesungen in Einheiten von 0.1 mm Zeigerausschlag	in der Längsrichtung (Ablesungen a_1)	Versuch 1	106	102	91	74	65	63	63	63	87	97	92
		» 2	104	102	90	73	65	62	61	62	86	97	94
		» 3	104	102	90	73	65	62	62	62	86	96	93
		Mittel	104		90	73	65	62	62	62	87	95	
	in der Querrichtung (Ablesungen a_2)	Versuch 1	—	—	21[1])	9[1])	10[1])	10[1])	11[1])	3[1])	20[1])	—	—
		» 2	—	—	21[1])	9[1])	11[1])	11[1])	10[1])	4[1])	21[1])	—	—
		» 3	—	—	20[1])	9[1])	10[1])	11[1])	10[1])	4[1])	21[1])	—	—
		Mittel	—		21[1])	9[1])	10[1])	11[1])	10[1])	4[1])	21[1])	—	
Längsspannung σ_1 . . .		kg/qcm	1130		1000	840	742	703	708	729	961	1030	
Querspannung σ_2 . . .		»	—		72	154	114	90	104	176	61	—	

Stabseite II.

Lage der Meßpunkte zur Stabmittelachse			links						rechts				
Meßpunkt			*R* Reihe 1	*R* Reihe 2	*c*	*b*	*a*	*m*	*a*	*b*	*c*	*R* Reihe 1	*R* Reihe 2
Ablesungen in Einheiten von 0,1 mm Zeigerausschlag	in der Längsrichtung (Ablesungen a_1)	Versuch 1	99	103	91	71	67	65	66	68	88	96	94
		» 2	100	103	91	70	66	67	64	69	88	97	94
		» 3	99	102	90	71	66	66	65	68	88	96	94
		Mittel	101		91	71	66	66	65	68	88	95	
	in der Querrichtung (Ablesuntung a_2)	Versuch 1	—	—	15[1])	6[1])	6[1])	7[1])	7[1])	7[1])	13[1])	—	—
		» 2	—	—	16[1])	7[1])	6[1])	8[1])	6[1])	5[1])	13[1])	—	—
		» 3	—	—	15[1])	7[1])	6[1])	8[1])	6[1])	6[1])	13[1])	—	—
		Mittel	—		15[1])	7[1])	6[1])	8[1])	6[1])	6[1])	13[1])	—	
Längsspannung σ_1 . . .		kg/qcm	1097		1030	824	767	761	753	793	1002	1030	
Querspannung σ_2 . . .		»	—		147	172	165	140	150	172	161	—	

[1]) S. die diesbezügliche Bemerkung auf S. 55.

in der Längs- und Querrichtung bezeichnet. Alle Angaben a_1 und a_2 in der Längsrichtung und Querrichtung bedeuten Dehnungen. Hiervon sind nur diejenigen Beobachtungswerte a_2 in der Querrichtung ausgenommen, die in den Zahlentafeln 2 bis 9 durch »[1])« kenntlich gemacht sind und nicht Dehnungen, sondern Zusammenziehungen bedeuten.

Für das Feinmeßgerät mit 3,3 mm Meßlänge bedeutete bei dem Elastizitätsmodul der Probestäbe von 2090000 kg/qcm ein Zeigerausschlag von 0,1 mm eine Spannungsänderung des Probestabes von 9,33 kg/qcm; ein Zeigerausschlag von 0,1 mm entsprach also einer spezifischen Dehnung von

$$\frac{9{,}33}{2\,090\,000} = 0{,}000\,004\,463.$$

Hieraus ergibt sich unter Berücksichtigung der in einem früheren Bericht des Verfassers[1]) gemachten Ausführungen und unter der Annahme von 3,33 für m Folgendes für die Längs- und Querspannungen:

$$\sigma_1 = 3{,}076\,(3{,}33\,a_1 + a_2)$$
$$\sigma_2 = 3{,}076\,(a_1 + 3{,}33\,a_2).$$

Die in dieser Weise berechneten Längs- und Querspannungen σ_1 und σ_2 sind in den Zahlentafeln 2 bis 9 und 11 bis 18 enthalten. DieLängsspannungen σ_1 sind außerdem in den Schaubildern Abb. 13 bis 20 als Ordinaten von der durch die Kerbmitte senkrecht zur Stabachse gelegten Querlinie aus eingetragen, und zwar sind für jeden Stab die Mittelwerte benutzt, die aus den Beobachtungen auf den Stabseiten I und II und den Meßpunkten links und rechts von der Stabmittelachse berechnet wurden. Man erhält auf diese Weise die in den Abb. 13 bis 20 dargestellten Spannungsschaulinien.

Hinsichtlich der Bewertung der Höchstspannungen σ_{max} am Kerbrande sei daran erinnert, daß die größte Belastung P_{max} so gewählt wurde, daß bei der Annahme gleichmäßiger Verteilung über den durch die Kerben am meisten geschwächten Querschnitt (Querschnitt *A-C* in Abb. 1) die mittlere Spannung $\sigma_m = 750$ kg/qcm betragen würde. Diese mittlere Spannung σ_m von 750 kg/qcm ist in den Schaubildern Abb. 13 bis 20 als gestrichelte Linie eingetragen.

Für den Querschnitt *A-C* in Abb. 1 muß naturgemäß der Wert der mittleren Spannung, multipliziert mit der Querschnittfläche, gleich der Summe der Produkte aus den durch die Spannungsschaulinie angegebenen Spannungen und ihren zugehörigen Flächenelementen sein. Es muß daher in Abb. 1 das Rechteck *ACGF* inhaltlich gleich der auf der oberen Seite durch die Spannungsschaulinie begrenzten Fläche *ACED* sein. Diese Bedingung wird in Wirklichkeit aus den verschiedenartigsten Gründen im allgemeinen stets nur angenähert erfüllt sein. Ein Vergleich der beiden Flächen gestattet jedoch ein angenähertes Urteil über den erzielten Genauigkeitsgrad der Messung und der Meßvorrichtung.

Die Ausmessung und der Vergleich der eben genannten Flächen ergeben die in Zahlentafel 10 wiedergegebenen Werte:

Zahlentafel 10.

Stab Nr.	1	2	3	4	5	6	7	8
$\frac{\text{Fläche } ACED - \text{Rechteck } ACGF}{\text{Rechteck } ACGF} \cdot 100$, d. h. Unterschied der beiden Flächen in vH	+9,4	+4,9	+4,7	+7,1	+7,9	+10,6	+9,7	+9,9

[1]) Vergl. Fußnote auf S. 47.

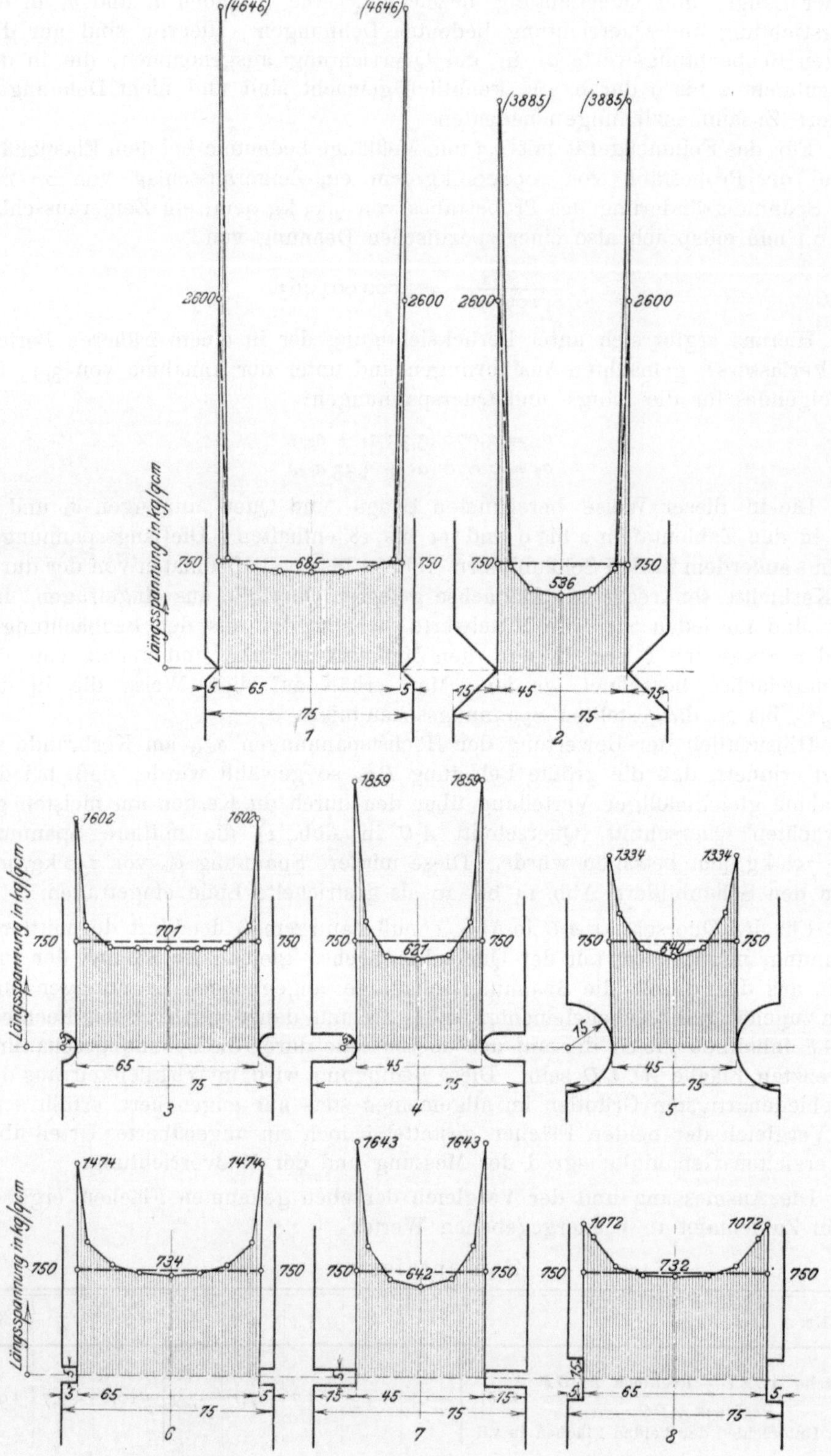

Abb. 13 bis 20. **Schaulinien für die Längsspannungen.**

Zahlentafel 11 bis 18. Mittelwerte der Längs- und Querspannungen.

Zahlentafel 11. Stab Nr. 1.

Meßpunkt	Längsspannungen σ_1 in kg/qcm					Querspannungen σ_2 in kg/qcm			
	R	*c*	*b*	*a*	*m*	*c*	*b*	*a*	*m*
Seite I links	(3780)	701	633	637	633	276	158	93	115
Seite I rechts	(4020)	730	637	629	—	340	168	140	—
Seite II links	(5155)	769	755	726	737	254	204	111	100
Seite II rechts	(5630)	851	783	740	—	344	226	158	—
Mittel	(4646)	763	702	683	685	304	189	126	108

Zahlentafel 12. Stab Nr. 2.

Meßpunkt	Längsspannung σ_1 in kg/qcm				Querspannung σ_2 in kg/qcm		
	R	*b*	*a*	*m*	*b*	*a*	*m*
Seite I links	(3020)	733	610	567	456	324	286
Seite I rechts	(3340)	725	560	—	394	297	—
Seite II links	(5380)	763	579	505	521	324	232
Seite II rechts	(3900)	675	540	—	413	277	—
Mittel	(3885)	724	572	536	446	306	259

Zahlentafel 13. Stab Nr. 3.

Meßpunkt	Längsspannungen σ_1 in kg/qcm					Querspannungen σ_2 in kg/qcm			
	R	*c*	*b*	*a*	*m*	*c*	*b*	*a*	*m*
Seite I links	1262	623	613	602	588	164	129	93	68
Seite I rechts	1403	646	542	563	—	258	140	61	—
Seite II links	1784	1020	840	830	814	268	164	129	75
Seite II rechts	1958	1128	826	823	—	251	118	61	—
Mittel	1602	854	705	705	701	235	138	86	72

Zahlentafel 14. Stab Nr. 4.

Meßpunkt	Längsspannung σ_1 in kg/qcm				Querspannung σ_2 in kg/qcm		
	R	*b*	*a*	*m*	*b*	*a*	*m*
Seite I links	1622	684	502	502	336	316	316
Seite I rechts	1504	770	521	—	417	332	—
Seite II links	2115	1048	766	739	410	289	316
Seite II rechts	2195	1035	782	—	487	340	—
Mittel	1859	884	643	621	413	319	316

Zahlentafel 15. Stab Nr. 5.

Meßpunkt	Längsspannung σ_1 in kg/qcm				Querspannung σ_2 in kg/qcm		
	R	*b*	*a*	*m*	*b*	*a*	*m*
Seite I links	1563	1068	820	743	355	387	375
Seite I rechts	1387	1025	766	—	368	372	—
Seite II links	1175	782	610	537	174	243	220
Seite II rechts	1210	862	588	—	178	227	—
Mittel	1334	934	696	640	269	307	297

Zahlentafel 16. Stab Nr. 6.

Meßpunkt	Längsspannungen σ_1 in kg/qcm					Querspannungen σ_2 in kg/qcm			
	R	*c*	*b*	*a*	*m*	*c*	*b*	*a*	*m*
Seite I links	1261	766	613	578	595	305	194	75	90
Seite I rechts	1240	782	660	610	—	244	208	118	—
Seite II links	1773	1145	908	880	872	268	165	111	112
Seite II rechts	1621	1003	878	885	—	300	176	158	—
Mittel	1474	924	765	738	734	279	186	116	106

Zahlentafel 17. Stab Nr. 7.

Meßpunkt	Längsspannung σ_1 in kg/qcm				Querspannung σ_2 in kg/qcm		
	R	*b*	*a*	*m*	*b*	*a*	*m*
Seite I links	1593	823	629	624	327	304	292
Seite I rechts	1558	894	648	—	420	335	—
Seite II links	1780	1030	718	660	424	367	327
Seite II rechts	1640	931	744	—	442	374	—
Mittel	1643	920	685	642	404	345	311

Zahlentafel 18. Stab Nr. 8.

Meßpunkt	Längsspannungen σ_1 in kg/qcm					Querspannungen σ_2 in kg/qcm			
	R	*c*	*b*	*a*	*m*	*c*	*b*	*a*	*m*
Seite I links	1130	1000	840	742	703	72	154	114	90
Seite I rechts	1030	961	729	708	—	61	176	104	—
Seite II links	1097	1030	824	767	761	147	172	165	140
Seite II rechts	1030	1002	793	753	—	161	172	150	—
Mittel	1072	998	797	743	732	110	169	133	115

Danach ist also die Spannungsschaufläche $ACGF$ stets etwas größer gefunden worden als die Rechteckfläche $ACED$, und zwar innerhalb der Grenzen von 4,7 bis 10,6 vH, Werte, die in Anbetracht der sonst herrschenden Unklarheiten über die Spannungserhöhung durch Einkerbungen sehr gering sein dürften. Zu beachten ist hierbei noch, daß für die Stäbe Nr. 1 und 2, Abb. 13 und 10, die in Abb. 1 mit D und E bezeichneten Punkte der Spannungsschaulinie bei der Ausmessung der Fläche $ACED$ nicht bei 4646 bezw. 3885 kg/qcm, sondern bei den Werten der Streckgrenze von 2600 kg/qcm liegend anzunehmen sind. Die Werte 4646 und 3885 kg/qcm sind nämlich nach dem früher Gesagten nur symbolische Vergleichswerte, und die Spannung kann an jenen Punkten die Streckgrenze nicht überschreiten, weil die unmittelbar dahinter liegenden und noch nicht bis an die Streckgrenze beanspruchten Fasern ein erhebliches Strecken der an den scharfen Kerbecken liegenden Fasern nicht gestatten.

Eine vergleichende Betrachtung der Spannungsschaubilder Abb. 13 bis 20 läßt Folgendes erkennen:

Die Spannung am Kerbrande ist umso größer, je kleiner der Halbmesser des Kerbgrundes ist. Dies zeigt für die 5 mm tiefen [1]) Kerben ein Vergleich

[1]) Unter »Kerbtiefe« ist die Abmessung der Kerbe senkrecht zur Längsachse der Stäbe und unter »Kerbbreite« die Abmessung der Kerbe in der Längsachse der Stäbe verstanden.

der Stäbe Nr. 1, 3, 6[1]) und 8[1]) und für die 15 mm tiefen Kerben ein Vergleich der Stäbe Nr. 2, 4, 5 und 7[1]). Für beide Stabgruppen ist bei den rechtwinkligen, scharfeckigen Kerben der Stäbe Nr. 1 und 2 (Halbmesser des Kerbgrundes = 0) die größte Spannung ganz erheblich größer, als bei allen übrigen Kerbformen. Ferner läßt ein Vergleich der Stäbe Nr. 3 und 4 einerseits und der Stäbe Nr. 6 und 7 anderseits erkennen, daß bei den Kerben der Stäbe 6 und 7, deren Grund eine gerade Linie ist (Halbmesser des Kerbgrundes = ∞), die größte Spannung am Kerbrande geringer ist, als bei den Kerben der Stäbe Nr. 3 und 4, deren Grund nach dem Halbmesser von 5 mm ausgerundet ist. Bei gleichem Halbmesser des Kerbgrundes und gleicher Breite der Kerbe ist die Höchstspannung am Kerbrande umso größer, je tiefer die Kerbe ist, wie ein Vergleich der Stäbe Nr. 3 und 4 einerseits und Nr. 6 und 7 anderseits beweist.

Bei Kerben, die durch einen Halbkreis gebildet werden, ist die Randspannung umso größer, je kleiner der Halbmesser der Kerben ist, wie dies die Stäbe Nr. 3 und 5 zeigen. Bei Kerben mit geradlinigem, zur Stablängsachse parallelem Grunde ist die Höchstspannnng am Kerbrande umso kleiner, je größer die Kerbbreite ist. Dies läßt ein Vergleich der Stäbe Nr. 6 und 8 erkennen.

Sieht man von den Stäben Nr. 1 und 2 mit scharfeckigen Kerben ab, so ist, wie die Zahlentafel 19 zeigt, die größte Spannung σ_{max} am Kerbrande bei den untersuchten Kerbformen 1,43 bis 2,48 mal größer, als die mittlere Spannung σ_m, und zwar gelten die größeren dieser Werte für die Stäbe mit tieferen Kerben sowie für diejenigen Stäbe, deren Kerbgrund nach einem kleineren Krümmungshalbmesser ausgerundet ist.

Zahlentafel 19.

Gegenüberstellung der Mittelwerte der Kerbrandspannungen σ_{max} und der mittleren Spannungen σ_m.

Stab Nr.	1	2	3	4	5	6	7	8
Kerbrandspannung σ_{max} kg/qcm	(4646)	(3885)	1602	1859	1334	1474	1643	1072
mittlere Spannung σ_m . »	750	750	750	750	750	750	750	750
$\sigma_{max} : \sigma_m$	(5,95)	(5,18)	2,14	2,48	1,78	1,97	2,20	1,43

Hinsichtlich ihrer Form unterscheiden sich die Spannungsschaulinien dadurch voneinander, daß bei den Stäben Nr. 1, 3, 6 und 8 mit weniger tiefen Kerben (Kerbtiefe = 5 mm) die Spannung bereits in geringer Entfernung vom Kerbrande den Wert der mittleren Spannung σ_m erreicht und dann nach dem Unterschreiten von σ_m nur noch wenig weiter abnimmt, sodaß die Spannungsschaulinie nach dem Unterschreiten von σ_m angenähert etwa parallel zur Schaulinie der mittleren Spannung σ_m verläuft. Bei den Stäben Nr. 2, 4, 5 und 7 mit größerer Kerbtiefe (Kerbtiefe = 15 mm) nimmt dagegen die Spannung auch noch nach dem Unterschreiten der mittleren Spannung σ_m nicht unerheblich weiter ab, sodaß der mittlere Teil der Spannungsschaulinie dieser Stäbe gegenüber dem nahezu geradlinigen mittleren Teil der Spannungsschaulinie der vorgenannten Stabgruppe mehr ausgerundet erscheint. Aus diesem Grunde ist auch bei den Stäben mit größerer Kerbtiefe die Mindestspannung σ_{min} in der Stabmitte nicht unwesentlich geringer, als bei den Stäben mit kleinerer Kerbtiefe. Die Werte der Mindestspannung σ_{min} betragen bei den verschiedenen

[1]) Für die Beurteilung der größten Spannung σ_{max} am Kerbrande der Stäbe Nr. 6, 7 und 8 sei hier nochmals auf das zu Abb. 12 Gesagte hingewiesen.

Stäben 0,71 bis 0,98 vH des Wertes der mittleren Spannung σ_m (vergl. Zahlentafel 20).

Zahlentafel 20.

Gegenüberstellung der Mittelwerte der Mindestspannungen σ_{min} in der Stabmitte und der mittleren Spannungen σ_m.

Stab Nr.	1	2	3	4	5	6	7	8
Mindestspannung σ_{min} . kg/qcm	685	536	701	621	640	734	642	732
mittlere Spannung σ_m . »	750	750	750	750	750	750	750	750
$\sigma_{min} : \sigma_m$	0,92	0,71	0,93	0,83	0,85	0,98	0,86	1,98

In weiterer Entfernung von den Kerben verläuft die Richtung der durch die Wirkung der Kraft P in Abb. 1 erzeugten Zugspannungen vollkommen parallel zur Längsachse der Stäbe. In der Nähe der Kerben dagegen tritt eine Ablenkung der Spannungslinien etwa in der auf der rechten Seite von Abb. 21 eingezeichneten Weise auf. Infolgedessen treten senkrecht zur Längsachse der Stäbe Querkräfte[1]) in der Richtung von AC auf, wie es die linke Seite der Abb. 21 zeigt. Diese an den einzelnen Punkten herrschenden Querkräfte addieren sich und bedingen in den vorliegenden Fällen Zugspannungen in der Richtung von AC, die in diesem Bericht als Querspannungen σ_2 bezeichnet sind. Die beobachtete Größe der Querspannungen σ_2 ist neben den Längsspannungen σ_1 ebenfalls in den Zahlentafeln 2 bis 9 und 11 bis 18 angegeben. Ferner sind die Querspannungen in den Schaubildern Abb. 22 bis 29 eingetragen, und zwar in der Weise, daß die an den einzelnen Punkten des Querschnittes A-C, Abb. 21, herrschenden Spannungen als Ordinaten von der Linie A-C aus eingezeichnet sind. Die so erhaltenen Schaubilder lassen Folgendes erkennen:

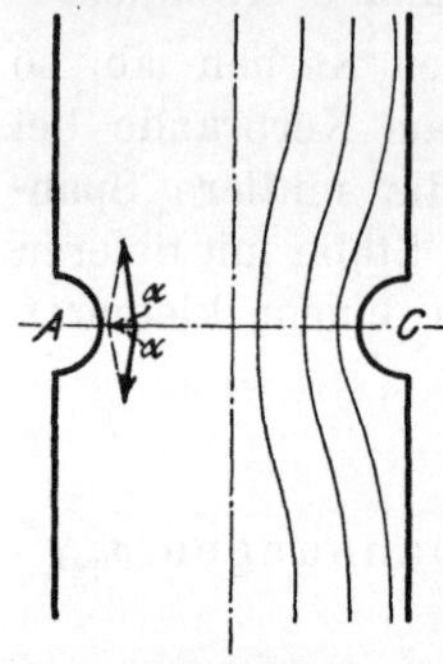

Abb. 21.
Spannungsverlauf in der Nähe der Kerben.

Bei den gewählten Abmessungen der Kerben weisen die Querspannungsschaulinien aller Stäbe in der Stabmittelachse einen Mindestwert auf. Die Höchstwerte der Querspannungen liegen bei den Stäben Nr. 5 und 8 näher an der Stabmitte, als bei den übrigen Stäben. Hierzu ist jedoch zu beachten, daß für die zuverlässige Beurteilung des Ortes des Höchstwertes der Querspannungen die benutzte Anzahl der Meßpunkte nicht genügt. Die örtliche Lage der Höchstwerte der Querspannungen würde daher bei einer großen Anzahl von Meßpunkten im allgemeinen etwas anders ausfallen, als die Abb. 22 bis 29 angeben. Bei allen Stäben mit 15 mm tiefen Kerben (Stäbe Nr. 2, 4, 5 und 7) sind die Querspannungen nicht unerheblich größer, als bei den Stäben mit nur 5 mm tiefen Kerben (Stäbe Nr. 1, 3, 6 und 8). Dies erklärt sich daraus, daß bei den nur 5 mm tiefen Kerben die Spannungsschaulinie in der Nähe der Kerbe nicht so unvermittelt, sondern mehr allmählich als bei den 15 mm tiefen Kerben aus ihrer in weiterer Entfernung von den Kerben zur Längsachse parallelen Richtung abgelenkt wird. Infolgedessen ist der Winkel α in Abb. 21 bei den Stäben mit geringerer Kerbtiefe größer und daher die resultierenden Querkräfte bei diesen Stäben kleiner.

Die in dem vorstehenden Bericht mitgeteilten Spannungserhöhungen an eingekerbten Zugstäben treten in ähnlicher Weise an den verschiedenartigsten

[1]) Z. d. V. d. I. 1907 S. 209.

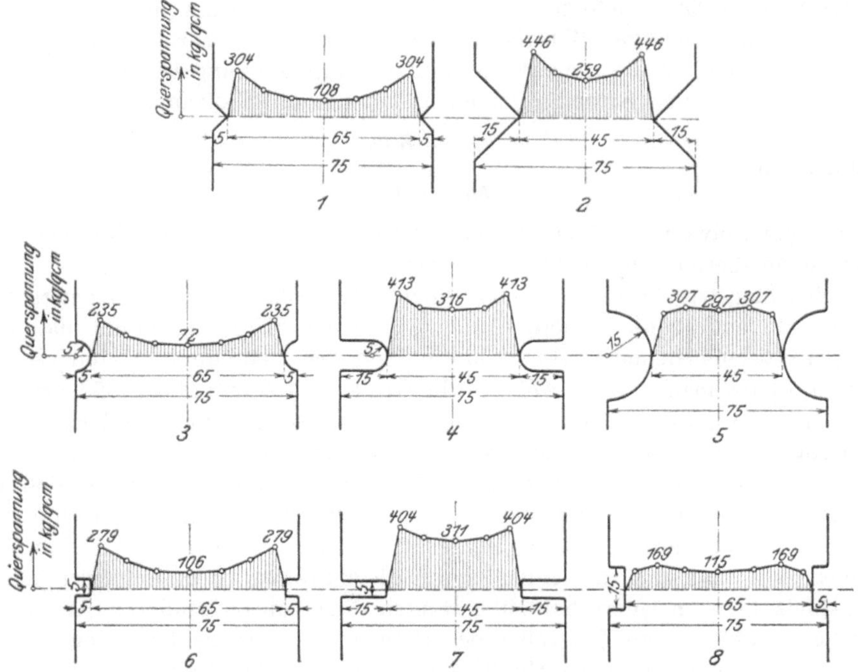

Abb. 22 bis 29. Schaulinien für die Querspannung.

Bauteilen auf. Es lassen sich daher die an den untersuchten Stäben gewonnenen Erfahrungen unter entsprechender Berücksichtigung der jeweils in Betracht kommenden Verhältnisse angenähert auf ähnlich liegende Fälle übertragen. Als Beispiel dafür sei hier nur der in Abb. 30 dargestellte Fall herausgegriffen.

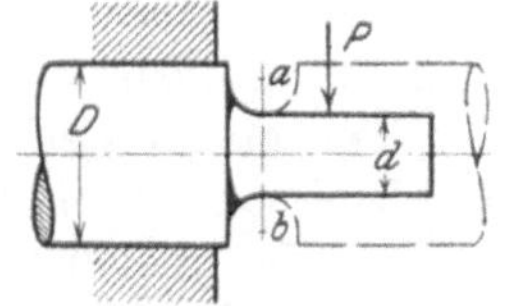

Abb. 30. Spannungserhöhung bei einem auf Biegung beanspruchten abgesetzten Rundstab.

Es handle sich um einen abgesetzten Rundstab, der auf der linken Seite gelagert ist und auf der rechten Seite durch die Kraft P auf Biegung beansprucht werde (Wellenzapfen). Die Uebergangstelle von dem stärkeren zu dem schwächeren Teil sei gut ausgerundet. Man pflegt dann allgemein einen derartigen Stab auf genügende Festigkeit in der Weise zu berechnen, daß man setzt

$$M_b = W k_b,$$

worin M_b das durch P erzeugte Biegungsmoment, W das Widerstandsmoment und k_b die Biegungsfestigkeit ist. Diese Art der Berechnung ist nach Vorstehendem nicht zutreffend. Es tritt nämlich in dem am meisten gefährdeten Querschnitt ab eine wesentliche Spannungserhöhung ein, welche die üblichen Formeln der Biegungslehre nicht berücksichtigt. Diese Formeln nehmen vielmehr nur eine geradlinige, von der Mittelachse des Stabes bis zum Außenrande gleichmäßig anwachsende Spannung an. Diese Annahme trifft jedoch nicht zu.

Um dies zu erkennen, stelle man sich den Durchmesser des soeben betrachteten abgesetzten Stabes um die Ebene ab symmetrisch in der punktiert eingezeichneten Weise verdoppelt vor. Man hat dann grundsätzlich die gleiche Stabform wie bei den untersuchten gekerbten Zugstäben. Es wird also auch bei dem eingangs betrachteten abgesetzten Rundstabe in der Ebene ab eine wesentliche Spannungserhöhung eintreten, die durch die Verdichtung der Spannungslinien an der Staboberfläche infolge der Querschnittsverminderung verursacht ist. Man wird daher bei richtiger Würdigung der vorliegenden Verhältnisse bei abgesetzten Stäben nicht die gleiche rechnungsmäßige Biegungsbeanspruchung wie bei nicht abgesetzten Stäben zulassen und daher die Gleichung

$$M_b = W k_b$$

abändern in

$$M_b = c\, W k_b,$$

worin c ein Beiwert ist, über dessen Größe die vorstehenden Untersuchungen einen angenäherten Anhalt zu geben vermögen.

Beachtenswert erscheint auch noch der Umstand, daß an Querschnittsübergängen angeordnete Hohlkehlen mit dem gleichen Krümmungshalbmesser von ganz verschiedener Wirkung hinsichtlich der Spannungsverminderung sein können. Läßt man z. B. in Abb. 30 die Größe von D und die Größe des Krümmungshalbmessers an der Uebergangstelle von D zu d unverändert, während die Größe von von d verändert wird, so erkennt man mit Rücksicht auf die Spannungsverteilung in den Stäben Nr. 3 und 4, Abb. 15 und 16, daß unter den ebengenannten Umständen die Spannungsverminderung durch eine gleichgroße Hohlkehle umso geringer ist, je kleiner der Wert von d ist. Man ersieht daraus, daß man zur Erzielung einer gleichgroßen Spannungsverminderung den Hohlkehlen an Querschnittsübergängen einen umso größeren Krümmungshalbmesser geben muß, je größer der Unterschied der beiden Querschnitte zu beiden Seiten der durch die Hohlkehle auszurundenden Uebergangstelle ist.

Zusammenfassung.

Soweit das Gebiet durch die vorstehenden Versuche gedeckt ist, ergibt sich für auf Zug beanspruchte, seitlich gekerbte Flachstäbe von gleicher Breite für den am meisten durch die Kerben geschwächten Querschnitt innerhalb des Gebietes der elastischen Formänderungen Folgendes:

1) Bei gleicher Kerbtiefe ist die Spannung am Kerbrande umso größer, je kleiner der Halbmesser des Kerbgrundes ist.

2) Bei gleichem Halbmesser des Kerbgrundes und gleicher Kerbbreite ist die Spannung am Kerbrande umso größer, je tiefer die Kerbe ist.

3) Bei Kerben, die durch einen Halbkreis gebildet werden, ist die Spannung am Kerbrande umso größer, je kleiner der Halbmesser ist.

4) Sieht man von den Stäben mit scharfeckigen Kerben ab, so ist für die untersuchten Stäbe die Spannung am Kerbrande 1,43 bis 2,48 mal größer, als die mittlere Spannung σ_m, mit der man zu rechnen pflegt.

5) Die Mindestspannung in der Stabmittelachse beträgt bei den untersuchten Stäben 0,71 bis 0,98 der mittleren Spannung σ_m.